호모

인류의 조상, 수생유인원

아쿠아티쿠스

KB077921

일레인 모간(Elaine Morgan) 저 · 김웅서, 정현 역

이제 인류의 조상이 물에서 진화했다는 호모 아쿠아티쿠스(*Homo aquaticus*)를 하나 더 추가시키려고 한다. 해양생물, 특히 해양포유동물을 살펴보면 인류가 바다에서 진화하였다는 수생유인원가설이 설득력 있게 들린다.

호모

인류의 조상, 수생유인원

아쿠아티쿠스

▌국립중앙도서관 출판시도서목록(CIP)

호모 아쿠아티쿠스 : 인류의 조상, 수생유인원 / 저자: 일레인
모간; 역자: 김웅서, 정현. — 안산: 한국해양과학기술원, 2013
(p.224 : 15.2 × 22.4 cm)

원표제: The Scars of Evolution
원저자명: Elaine Morgan
참고문헌 수록
영어 원작을 한국어로 번역
ISBN 978-89-444-1121-2 (93470) : ₩18,000

인류 기원론 [人類起原論]

471.2-KDC5
569.9-DDC21   CIP2013007454

THE SCARS OF EVOLUTION by Elaine Morgan
Copyright ⓒ 1990 by Elaine Morgan
All rights reserved.
This Korean edition was published by Korea Institute of Ocean Science & Technology
(KIOST) in 2013 by arrangement with Souvenir Press Ltd, London through KCC (Korea
Copyright Center Inc.), Seoul.

이 책은 (주)한국저작권센터(KCC)를 통한 저작권자와의 독점계약으로 한국해양과학기술원(KIOST)에서
출간되었습니다. 저작권법에 의해 한국 내에서 보호를 받는 저작물이므로 무단전재와 복제를 금합니다.

호모 아쿠아티쿠스
- 인류의 조상, 수생유인원

초판인쇄 2013년 5월 30일
초판발행 2013년 6월 05일
초판2쇄 2016년 1월 29일

저   자 일레인 모간(Elaine Morgan)
역   자 김웅서, 정현
발 행 인 홍기훈
발 행 처 한국해양과학기술원
           경기도 안산시 상록구 해안로 787(사동)
등록번호 393-2005-0102(안산시 9호)
인쇄 및 보급처 도서출판 씨아이알(02-2275-8603)

ISBN 978-89-444-1121-2 (93470)

'퇴화기관은 지금 보면 쓸모없고 이상하고
어색하고 어울리지 않는 것 같지만 과거의 흔적이다.'

– 스테판 제이 굴드

한국 독자들께 드리는 메시지

저는 제 작품『호모 아쿠아티쿠스(원저명: 진화의 상흔)』가 한국에서 출판이 되어 대단히 기쁩니다. 저는 한국에 대해 그리 잘 알지 못하지만 한국 사람들이 바다와 항상 가까이 살아왔다는 사실을 알고 있습니다. 그리고 한국인들이 새로운 사상을 받아들이는 데도 빠르고, 또 매우 현명하여 이를 자신만의 새로운 사상으로 발전시킬 수 있다고 생각합니다. 우리 인류의 조상이 실제로 물에서 진화했다는 결정적 증거를 발견해 줄 수 있는 이도 아마 미래의 한국 여성 중에서 나올지도 모르겠습니다.

\- 2013년 3월 11일 영국 남 웨일즈 마운틴 애쉬에서 일레인 모간
(병석에 있는 93세의 일레인 모간이 한 구술을 아들 가레스 모간이 받아썼으며, 그녀는 같은 해 7월 12일 별세하였다.)

I am delighted that 'The Scars of Evolution' is to be published in Korea. I don't know the country well but I know that the people have always had a close relationship with the sea. It also seems to me that the Korean people are quick to adopt new ideas and very clever at coming up with new ideas of their own. Maybe it will be a Korean woman who finds the conclusive evidence to prove that our ancestors were truly aquatic.

● ● ● ● ● ●
번역서를 출간하며

　작년 10월인가 11월로 기억된다. 어느 날 친구 정현으로부터 '책 한 권을 번역했는데, 출간했으면 좋겠다.'며 조언을 부탁하는 연락을 받았다. 번역한 책의 내용은 초기 인류가 사바나 초원이 아닌 바다에서 살며 진화했다는 해부학적, 동물행동학적 증거를 담고 있다고 했다. 털이 없고, 두 발로 걸으며, 피하지방이 있고, 땀을 흘리며, 후두의 위치가 목 쪽에 내려와 있는 등의 특징이 인류의 먼 조상이 바다에서 오랜 기간 살면서 진화했다는 간접적인 증거라는 것이다.

　처음에는 책의 내용이 어떤가 하고 보내온 번역 원고를 빠르게 읽어보았다. 주마간산으로 읽었는데도 내용이 무척 흥미로웠다. 다 읽고 나니, 다시 자세하게 읽고 싶은 충동이 강하게 생기는 것이 아닌가. 대학시절에 영국의 동물학자 데스먼드 모리스(Desmond Morris)가 인간의 행동과 진화에 대해 쓴『The Naked Ape(털 없는 유인원)』도 읽었고, 인류의 진화에도 관심을 가졌었다. 그렇지만 연구의 관심 대상이 해양생물로 좁혀지면서, 인류의 진화에 대한 관심은 줄어들었다. 그런데 인류의 조상이 바다에서 진화했다는 증거를 조목조목 제시한 일레인 모간(Elaine Morgan)의 책『The Scar of Evolution(진화의 상흔)』으로 인해 다시금 인류의 진화에 대한 호기심이 발동하게 되었다. 번역 원고를 검토만 하려던 당초의 생각과는 달리 원문을 대조해가며 꼼꼼하게 읽게 된 이유이다. 그 과정 중에 동물원을 방문하여 유인원과 원숭이의 행동을 직접 관찰하기도 하였다.
　초벌 번역이 잘 되었기 때문에, 원고 내용을 크게 수정한 곳은 거의 없다. 독자들의 가독성을 높이기 위해 표현을 보다 자연스럽게 고치고, 어려운 용어에는 역주를 달아 이해를 돕는 일을 주로 하였다. 그리고 원본에는 없지만 책 내용에 맞는 참고 사진을 많이 추가하여 책 읽는 재미를 높이려 하였다. 이 책의 원본은 1990년 처음으로 발간되었다. 지금으로부터 23년 전이다. 발전이 빠른 과학 분야의 서적은 발간된 후 시간이 오래 경과하다보면 정보의 가치가 떨어지게 마련이다. 그래서 새롭게 밝혀진 내용을 추가하는 일이 필요하지만, 역자들의 능력 밖의 일이라 번역서를 내면서 그 사이에 이루어진 인류 진화에 관한 연구 결과를 추가로 소개하지 못한 것이 아쉬움으로 남는다. 새로운 정보의 획득은 관심 있는 독자들의 몫으로 남겨놓는다. 본문 중에 언급되는 '몇 십 년 전' 등의 표현은 원문을 그대로 따랐으므로, 원본의 출간 일시를 고려한다면 약 20년을 더해야 함을 밝혀둔다. 예를 들어 본문에 30년 전이라고 되어 있으면 지금으로부터 50여 년 전이 되는 셈이다.

우리가 익히 알고 있듯이 인간의 생물학적 학명은 호모 사피엔스(*Homo sapiens*)이다. 인류의 진화 과정 중에 현생 인류와 같은 호모에 속하는 최초의 종은 능력 있는 사람이라는 의미의 호모 하빌리스(*Homo habilis*)이며, 약 240만~160만 년 전에 생존했던 것으로 추정된다. 직립보행을 하는 사람이란 뜻의 호모 에렉투스(*Homo erectus*)는 호모 사피엔스의 직접적인 조상으로 여겨진다. 약 150만 년 전의 화석으로 발견되었으며, 약 20만 년 전에 멸종하였다. 이 밖에도 독일의 네안데르 계곡에서 화석으로 발견된 호모 네안데르탈렌시스(*Homo neanderthalensis*)가 있으며, 약 2만8천 년 전쯤 멸종하였다. 예전에는 자연선택에 의해 인류가 진화되어 왔다. 그러나 최근에는 인간이 이룩해 놓은 문명이 진화의 동력으로 작용하여 인문사회학적으로 다양한 인류가 출현하고 있다. 놀이를 즐기는 호모 루덴스(*Homo ludens*), 디지털 기기를 사용하는 호모 디지쿠스(*Homo digicus*), 디지털 카메라를 사용하는 호모 디카쿠스(*Homo dicacus*), 모바일 네트워크를 활용하는 호모 모빌리쿠스(*Homo mobilicus*) 또는 호모 모빌리언스(*Homo mobilians*) 등으로 신인류가 진화하고 있다. 이제 다시 과거로 돌아가 인류의 조상이 물에서 진화했다는 호모 아쿠아티쿠스(*Homo aquaticus*)를 하나 더 추가시키려고 한다. 해양생물, 특히 해양포유동물을 꼼꼼하게 살펴보면 인류가 바다에서 진화하였다는 수생유인원 가설이 더욱 설득력 있게 들린다.

인류의 생존을 위해 해양의 중요성이 날로 커지고 있다. 인간은 바다로부터 식량자원, 광물자원, 에너지자원, 공간자원, 수자원, 의약품을 얻고 있다. 또한 바다는 지구의 기후를 조절하고, 환경을 깨끗이 하며, 물류의 운송로 역할을 하고, 여가활동의 장이 된다. 그래서 많은 미래학자들이 인류의 미래가 바다에 달려있다고 이야기하는 것이다. 바다는 인류의 미래를 위해서만 중요한 것이 아니다. 과거를 돌이켜 인류의 진화 과정에서도 큰 역할을 하였음이 틀림없다. 이 책이 인류의 진화에 대한 이해의 폭을 넓히고, 바다가 인류에게 얼마나 중요한 곳인지를 다시 새기는 데 도움이 되었으면 하는 바람이다.

번역서 출간 과정에서 도움을 준 한국해양과학기술원 해양과학도서관의 함춘옥 선생님을 비롯한 동료 여러분들께 감사드린다. 표지 사진은 10여년 전 북동태평양 탐사를 나갔을 때 찍은 것이다. 야간 탐사를 위해 연구선 온누리호의 조명등이 밤바다를 비추었을 때 사진찍던 내 그림자가 일렁이는 물결에 투영된 모습이다. 바다에서 인간이 진화하는 듯한 분위기를 준다. 이 사진으로 멋진 표지를 만들어준 도서출판 씨아이알의 직원들께도 감사를 드린다.

2013년 5월
김 웅 서

차례

한국 독자들께 드리는 메시지 • i
번역서를 출간하며 • ii
들어가며 • vi

1. 인류의 출현 • 1
2. 화석 연구자들 • 13
3. 두 발 걷기는 왜 불리한가? • 27
4. 두 발로 걷게 된 이유 • 39
5. 털 없는 피부는 왜 불리한가? • 63
6. 털이 없어진 이유 • 75
7. 체온 강하 • 87
8. 땀과 눈물 • 99
9. 우리 몸의 지방 • 113
10. 피하지방이 생긴 이유 • 123
11. 숨쉬기 • 135
12 변화하는 성(性) • 153
13. 수생유인원 이론과 반론 • 173
14. 인간 두뇌와 개코원숭이 • 183

역자 후기 • 196
참고문헌 • 200
찾아보기 • 206
저자 소개 • 210
역자 소개 • 211

들어가며

'인간이란 얼마나 훌륭한가! 얼마나 이성적이고 능력이 출중한가! 모습이나 동 작이 얼마나 아름답고 칭찬받을 만한가! 행동은 천사 같으며 이해력은 신의 경 지! 세상의 아름다움이며 동물의 모범!'

셰익스피어 : 햄릿

두꺼운 임상 사례집을 가진 모든 일반 개업의는 햄릿의 찬사를 읽으 면서 동전에는 양면이 있다는 사실을 정확히 알아야 한다.

우리 인간이 아무리 예외적 존재라고 하지만, 동물분류학상 포유류에 속하는 것은 틀림없다. 따라서 의사들이 진료하는 모든 환자는 동물들에 게 자주 나타나는 골절, 상해, 소화불량, 선천성 장애, 바이러스와 박테 리아 감염 그리고 노화에 따른 기능장애 등을 공통적으로 겪고 있다.

그러나 의사들의 대기실에는 이런 질환에 더해 인간에게만 독특하게 나타나는 문제를 안고 있는 환자들도 있다. 이들의 문제는 분명 인체 설 계상의 특이한 문제점, 즉 진화의 상처 때문이다.

이는 마치 인류 탄생 때에 요정이야기에 나오는 공주의 탄생처럼 선 한 요정들이 요람 주위에 모여 재능을 선물하는 것과 같다. '나는 이 아이 에게 좋은 두뇌와 추리, 영감의 힘을 준다.' '나는 어떤 동물도 갖지 못한 솜씨를 너에게 준다.' '나는 말할 수 있는 능력을 준다.' 등등……

그러나 맨 나중에 나쁜 요정이 나타나서는 악의를 품은 추신을 덧붙 인다.

'나는 이 아이에게 요통, 비만, 선비대증, 여드름, 정맥류, 유아 돌연사, 일광 화상, 수면 무호흡증, 부인(婦人)병, 성적 기능 장애, 비듬, 탈장, 치질을 겪어야 하는 저주를 내린다.'

이 모든 것이 우리가 인간이기에 치러야 하는 값이다. 이런 질환들은 우리에게 선택의 여지가 없이 한 묶음으로 주어진 것이다.

그렇다면 이는 어떤 종류의 거래였는가? 우리에게 햄릿의 찬사처럼 뛰어난 재능을 주었을 뿐 아니라 전혀 반갑지 않은 선물도 가득 내려준 진화 과정은 어떠했는가? 그것은 흥미진진한 수수께끼이다. 우리는 이 해답을 찾기 위해 가장 근본적인 의문을 갖고 우리의 기원으로 거슬러 올라가 보자.

1. 인류의 출현

'어떤 사실이 널리 받아들여진다고 해서, 그 사실이 옳은 것은 결코 아니다.'

버트런드 러셀

다윈의 진화론은 왜 우리가 아프리카 유인원인 고릴라나 침팬지와 생물학적으로 유사한가에 대한 답변을 제시했다. 다윈은 우리가 유인원들과 조상이 같다는 것이었다.

이 답변은 즉시 또 다른 의문점을 일으킨다. 만약 우리가 그들과 가깝고 관계가 그리 밀접하다면 왜 우리는 그들과 그토록 다르게 생겼을까? 만약 같은 조상에서 3종이 분화되었다면 고릴라와 침팬지가 서로 다른 것보다 사람이 고릴라, 침팬지와 훨씬 더 다른 것은 좀 이상하지 않은가? 그러나 이는 엄연한 사실이다. 인류가 고릴라나 침팬지보다 먼저 분화되었기 때문은 아니다. 분자생물학적 증거로는 오히려 3종 가운데 고릴라가 제일 먼저 분화되었다는 사실이 밝혀졌기 때문이다.

①고릴라, ②침팬지, ③인간의 진화 (서대문자연사박물관 전시물)

다윈은 인류 출현을 둘러싼 이러한 의문점에 대해 스스로 답할 수 없음을 잘 알고 있었다. 그러나 다윈의 지지자들은 이 모든 의문점이 해소되는 것은 시간문제이며, 기껏해야 20~30년 뒤면 모든 의문점이 풀릴 것이라고 자신했다.

그러나 『종의 기원(The Origin of Species)』이 출판된 지 약 150년

이상 흘렀지만 과학자들은 여전히 왜 아프리카 유인원이 서로 다른 3종으로 분화되지 않고 거기서 인류가 출현했는지에 대해 의견의 일치를 보지 못하고 있다. 일부 과학자들은 문제의 핵심을 벗어나 단지 인류가 유인원보다 더 많이 진화했다고 주장한다. 그들은 우리가 진화의 사다리를 몇 단계 더 올라섰으며 고릴라와 침팬지는 여러 이유로 뒤쳐졌다는 말만 되풀이한다.

진화의 사다리 개념은 영국의 전통 문화에 깊이 뿌리박고 있다. 특히 진보와 완전성이라는 빅토리아 시대의 조류가 큰 영향을 주었다. 이 조류는 이후 상당 기간 지속되었다.

1920년대 인류 기원의 권위자였던 영국의 엘리엇 스미스(Elliot Smith)는 '인류의 운명을 성취하기 위한 끊임없는 투쟁'이라는 강의에서 '자연은 오랜 세월에 걸쳐 야만적인 유인원이라는 원재료로부터 신성한 인간을 만드는 위대한 실험을 계속했다.'고 주장했다. 1930년대 또 다른 개척자인 스코틀랜드 화석학자 로버트 브룸(Robert Broom)은 '우리 인류가 출현한 후 더 이상의 진화는 필요 없어졌다.'고 잘라 말했다.

현재도 우리 인류가 진화 과정의 종착점이라는 굳은 믿음이 널리 퍼져 있다. 즉 '인간으로의 한 걸음'은 '한 단계 향상'과 같은 의미이며, 호모 사피엔스(*Homo sapiens*)는 어떤 의미에서 모든 진화의 최종 목표라는 것이다. 따라서 우주 어딘가에 진화 과정이 충분히 일어난 별이 있다면, 생명력의 최종 승리자로써 우리와 비슷한 지적 생명체가 있으리라는 당연한 결론에 도달한다.

그러나 진화의 사다리는 환상에 불과하다. 자연의 진화 과정은 어떤 목표를 두지 않는다. 자연은 창조물을 지성이나 복잡성의 잣대로 판단하지 않는다. 이런 특질은 제한된 환경 조건 하에서 나타나거나 강화되는 일시적 현상일 뿐이다. 일례로 단순하고 무지한 생물은 수백만 년 동안 변하지 않고 지속, 증식, 번성하고 있는 반면 공룡처럼 훨씬 복잡하고 강력한 종은 한때 번성했다가 이미 멸종해버리고 말았다. 시력 또는 후각 같은 지각력, 날개 같은 운동성, 지성과 관련된 능력은 생존에 도움이 되지 않으면 언제든지 퇴화할 수 있다.

중요한 점은 진화가 이미 발생한 사건에 대한 반응으로 나타나는 것이지 미리 정해진 운명은 아니라는 것이다. 인간은 나무, 흰개미, 문어보다 더 우수한 진화의 정점이 아니다. 인류의 출현이 다른 종에 비해 필연적이라고 볼 수는 더욱 없다.

우리는 다른 생물이 특정한 환경에서 우연히 발생했다는 사실을 인정한다. 예를 들어 어떤 곳의 지각 변동으로 민물고기가 우연히 지하 동굴에 갇히게 되면 눈 먼 하얀색의 동굴 물고기로 진화한다. 호주에는 과거에 두더지처럼 땅에 굴을 파는 원시 포유동물이 있었다. 그러나 이 지역이 물에 잠기는 바람에 오리너구리가 진화하게 되었다. 이처럼 세계는 변화하고 생태계는 자체 진화를 계속한다.

지상에서 인류가 출현한 것도 뜻밖의 사건으로 볼 수 있다. 그러나 쉽게 출현하지는 않았을 것이다. 이에 대한 많은 설명이 필요하다. 지상의 생명체는 사실 우리 없이도 잘 살았을 것이다. 요즘 환경주의자들처럼 어쩌면 지구 동물상에 그리 어울리지 않는 두 발 가진 털 없는 인류가 출현한 것이 진화의 종착점이라기보다는 생태적 재난이라고 말하고 싶은 사람도 있을 것이다.

또 다른 사람들은 인류가 지구상에 어떻게 출현했는지에 대한 설명이 필요하다는 것을 인정하고, 당연히 그 설명에 대한 답은 이미 오래전에 나왔어야 했다고 생각한다.

이런 느낌은 이해가 된다. 과학자들이 인류 출현에 관해 일반 독자를 대상으로 쓴 많은 책이 출판되었다. 인류의 진화에 대한 훌륭한 TV 다큐멘터리 시리즈도 다수 방송되었다. 이런 주제를 상세히 배울 수 있는 높은 수준의 강의도 많다. 이런 책이나 프로그램, 강의에는 중요하고 결정적인 문제가 아직 풀리지 않고 남아 있다는 어떤 암시도 없다. 흔히 단세포 생물에서 현생 인류에 이르기까지 진화 과정의 설명은 자연스럽고 자신 있고 막힘없이 이루어진다.

인류 조상이 두 발로 서서 걷게 된 것이 마치 한 포유동물의 가장 자연스러운 일인 것처럼 쉽게 언급하고 있지만, 사실 그런 포유동물은 인류 외에는 없다. 왜 인간의 몸에 털이 없어졌는지에 대한 질문은 상세하게 논의되곤 했지만, 지금은 점차 논의조차도 회피하는 추세이다. 과학저술가들은 그들이 30년 전에 알았다고 생각했던 답에 대해, 그리고 아직 풀리지 않은 문제에 대해 이목이 집중되는 것을 염려하지 않는다고 비전문가들에게 천연덕스럽게 말하지만, 자신감을 잃어버렸다.

이런 일은 학술논문 경우에는 일어나지 않는다. 이 분야에서는 과학자들이 문제점을 감추는 데 신경을 쓰지 않는다. 거의 모든 과학자는 진실을 추구하는 데 매우 순수한 열정을 품고 있다. 그들은 진리를 존중하고 근거를 찾는다. 밝혀진 것과 추측한 것의 경계선을 분명히 하고, 그들의 아름다운 가설 중 하나가 추한 사실에 의해 폐기될 때는 패배를 바로 인정한다. 과학계에서 미해결 문제는 양탄자 밑에 숨겨놓을 것이 아니라, 도전이자 기회로 간주된다.

진화의 역사에서 인류의 출현은 미해결 문제가 가장 많은 주제이다. 따라서 도전이 가장 많이 필요한 영역이다. 인류 신체 구조의 특성에 관한 수수께끼를 풀려는 연구가 꾸준히 이루어지고 있다. 이런 노력은 비판받거나 또는 무시될지도 모른다. 어떤 경우이건 '유레카'라는 함성이 나오지 못하고 결국은 원점으로 돌아가는 경우가 많다. 얼마 후 또 다른 가설이 제안되고 같은 과정이 되풀이된다.

현재의 상황은 이렇다. 인간에 관한 가장 뚜렷한 의문점은 (1) 왜 우리는 두 발로 걷게 되었는가? (2) 우리 몸에서 털이 없어진 이유는 무엇인가? (3) 우리의 머리는 왜 커졌나? (4) 왜 우리는 말하는 것을 배웠는가?로 요약된다.

그러나 이 질문들에 대한 대답은 현재 '모두 모른다.'이다. 이처럼 무지한 상태에서 의문점은 더욱 늘어나고 있다.

과학자들은 여러 이유로 이런 상황을 진지하게 생각하지 않는 것 같다. 우선 그들은 상황을 심각하게 보지 않고, 의문점에 너무 익숙해져서 더 이상 놀라지도 않는다. 그들은 새로운 자료가 지속적으로 축적되고, 계속 진전되는 것에 만족하고 있다. 이를 인정 못 하는 것은 아니다. 다른 모든 탐구 작업과 마찬가지로 만약 우리가 한 가설을 폐기할 만한 명확한 근거를 제시할 수 있다면 이는 중요한 진전이 아닐 수 없다. 지난 30년간 많은 진화 시나리오가 제시되었지만, 폐기되고 마는 운명이 되었다.

과학자들이 한 세기 이상 동안 이 의문점을 해결하지 못하면서도 이를 과소평가하는 또 다른 이유가 있다. 그것은 정보의 홍수 때문이다. 과학이 너무 세분화되어 있어 각자마다 자기 전문분야에만 골몰하고 있다.

예를 들어 아프리카 발굴 현장의 고생물학자는 직립보행 문제에 너무 사로잡힌 나머지 이를 최종 문제로 간주한다. 이것만 해결되면 모두 다 해결된 것으로 생각한다. 한편 또 다른 과학자들은 직립보행 문제는 이미 풀린 것으로 간주한다. 그들에게 미해결 문제인 우리 피부, 후두, 성기, 땀샘, 피, 지방조직, 뇌, 눈물, 음성 대화, 수명 연장 따위의 특이성이야말로 자신의 중요한 연구 분야라고 생각한다.

간단히 말해서 가장 중요한 수수께끼는 이런 특이성 중 어느 하나에 있는 것이 아니며, 심지어 뛰어난 두뇌라든지 재주 있는 손, 경이적인 언어에 있는 것도 아니다. 핵심은 우리가 가장 유사한 동물과도 여러 가지면에서 다르다는 것이다. 이 차이점 중 일부는 중요하고, 일부는 사소할 수 있다. 또 어떤 점은 임의적이고 일관성 없어 보이며, 당황스럽고 불편하기까지 하다. 그들 사이의 논리적 인과관계를 규명하는 것도 쉽지 않다.

무슨 일이 일어났다. 원숭이나 고릴라의 조상에게는 일어나지 않은 어떤 일이 틀림없이 인류 조상에게만 일어났다. 최근 연구에서는 아무도 이 문제를 진지하게 논의하지 않았다. 왜 이러한 특성이 공통의 조상을 갖는 3종의 유인원에게 공평하게 나누어지지 않았을까? 예를 들어 고릴라는 말을 할 줄 알고, 사람은 두 발로 걸으며, 침팬지는 털이 없어지게 되지 않았을까? 왜 우리 인간에게만 모든 특성이 집중되었는지 아무도 이상하게 생각하지 않는다.

환경에 어떤 변화가 일어났음에 틀림없다. 아니면 환경에 대응하는 방식에 변화가 일어났을까? 아니면 유전자에? 이런 변화가 고대 유인원의 한 특정 집단에 영향을 주어 그들이 인류로의 긴 여정을 시작했음에 틀림없다.

따라서 핵심 의제는 '무엇이 일어났는가?'이다. 여기에 대한 대답 중 하나는 '그것이 무슨 상관이 있는가? 무엇이 일어났든 이미 그것은 수백만 년 전의 일로 나와는 아무 상관도 없다.'는 것이다. 그러나 이는 잘못된 생각이다. 그것이 무엇이든 간에 이는 우리 신체에 기능과 역기능을 일으키는 방식으로 지금까지 우리에게 깊은 영향을 주고 있다. 우리 신체가 물려받은 질병의 약 20%는 그 근원이 유인원으로부터 인류로 전환되는 시기까지 거슬러 올라간다고 볼 수 있다.

우리 진화의 전환점에 대한 이론적 설명에는 진화 자체를 인정하지 않는 창조론을 제외한다 해도 매우 다양한 견해가 있다.

이 중에 다듬어지지 않은 사례가 외계기원설이다. 외계의 어떤 존재가 지구에 침입하여 그들이 가진 지혜를 전수해 주었다는 시나리오다. 이것은 진화 사다리 신화의 한 갈래라고 할 수 있다. 우주의 다른 곳에서 생명이 발생했다는 가설은 우주의 크기를 생각하면 가능성이 아주 높다. 분자가 아미노산으로 결합하면서 미리 설계된 경로를 따라 발전하여 마침내는 독자적인 활동성, 논리적 사고, 재주, 우주선을 만들어 은하계를 탐험하는 능력과 열정 등 온갖 힘을 지닌 생명체로 진화했다는 것이다.

이런 이야기는 터무니없이 들린다. 인류가 어떻게 진화했는지에 대한 답은 내놓지 않고 단지 시간과 공간상의 문제로 덮어버리기 때문에 설득력도 떨어진다. 인류가 지구상에서 어떻게 진화했는지 말할 수 없다면 수십 광년 떨어진 외계의 지적 생명체로부터 우리가 어떻게 생겨났는지 말하는 것도 의미가 없을 것이다.

외계기원설에 반하는 이론으로 실제로 특별한 일이 일어나지 않았다는 정통 사바나(savanna 나무가 없는 평원 – 역자주) 이론이 있다. 골자는 한 집단의 유인원이 숲 서식지에서 내려와 평원으로 이주했다는 것이다. 그리고 이러한 이주가 현생 인류로의 모든 변화를 가져왔다고 한다.

사바나 이론의 강점은 논리에 있다. 논리란 (1) 우리 최초 조상이 숲에서 살았다는 믿을 만한 근거가 있다. (2) 우리 조상이 아프리카 사바나에서 대규모 사냥을 했다는 믿을 만한 근거도 있다. (3) 그러므로 우리는 우리 조상이 숲에서 아프리카 사바나로 이동했다는 사실을 알 수 있다는 것이다.

이런 논리는 간단명료해 보이지만 그렇지만도 않다. 만약 당신이 어떤 사람을 런던 다리 북단에서 만나고 잠시 후 남단에서 만났다면 당신은 그가 다리를 건넜다고 자연스럽게 생각할 수 있을 것이다. 그러나 당신이 다리 남단에서 그를 다시 만난 것이 5년 후이고, 그의 피부가 많이 탔으며 UCLA 티셔츠를 입고 미국식 억양으로 말한다면, 그가 그동안 다른 곳에 살았다고 생각하는 것이 자연스러울 것이다.

바로 후자의 상황이 인류 진화에 있어 실제 일어난 일에 더 가깝다. 초기 인류 화석은 숲에 살던 유인원과는 확연히 다르게 두 발로 직립 보행을 한 특성을 잘 보여주고 있다. 화석 시대 이전은 수백만 년에 걸친 화석의 공백기이다.

사바나 이론의 심각한 약점은 이러한 이론이 설명하는 아주 평범한 사건과 이론으로 비롯된 극적인 결과 사이의 불균형에 있다. 개코원숭이, 긴꼬리원숭이, 파타스원숭이처럼 많은 영장류 동물들은 인류의 조상처럼 사바나에서 살기 위해 숲을 떠났다. 그들은 사바나에서 우리 조상만큼이나 오래 살았지만, 인간처럼 두 발로 걷거나 털이 없어지는 신체적 변화가 전혀 없었다. 이들은 새로운 서식지에 정착하여, 지금도 거의 신체에 변화가 없이 살고 있다. 그런데 왜 우리만 다르게 변화했는지 알 수 없는 노릇이다. 어째서 현재 두 종류의 숲 유인원과 한 종류의 사바나 유인원으로 분화되었는지 아무도 시원스러운 답을 내놓지 못하고 있다.

이러한 문제점에도 불구하고 사바나 이론은 관련 분야의 많은 전문가들에게 믿을 만한 가설로 자리를 굳혔다. 대부분 학생들도 사바나 이론을 하나의 가설이 아니라 정설로 배우고 있다. 이는 많은 사람이 이론 자체가 만족스러워서라기보다 서로 맞지 않는 그림 퍼즐 조각이 너무 많아 자기도 모르게 피로현상이 생겼기 때문이다. 따라서 각자의 영역에서 준비된 해답만을 찾으려는 경향이 생겼을 것이다.

진화론적 사고의 최근 경향은 새로운 접근 방법을 모색하고 있으며, 자명한 사실로 널리 알려진 다음 3가지 명제에 직면해 있다. (1) 우리는 사바나에서 진화하였다. (2) 다윈이 밝힌 것처럼 진화는 자연선택을 통해 일어난다. (3) 그러나 우리 신체가 자연선택을 통해 사바나에 적응해 왔음을 증명하기는 어렵다.

지난 한 세기 동안 마의 트라이앵글 중 주로 세 번째 명제에 집중 도전과 논의가 이루어졌다. 그리고 이 명제를 푸는 것은 시간문제라는 주장이 지배적이었다. 이제 새로운 도전이 두 번째 명제에 대해 시작되었다.

우리가 적응론자적 해답을 구하기 위해 너무 시간을 낭비하고 있는 것은 아닌가? 또 다른 해답이 있는 것은 아닌가? 진화는 자연선택에 의해서만 이루어지는 것이 아니라 다윈이 미처 생각하지 못했던 다른 영향에 의해서도 일어나는 것은 아닐까?

이것은 고르디우스의 매듭(프리기아의 수도 고르디움에 있는 고르디우스 전차(戰車)는 끝을 찾을 수도 없는 복잡하게 얽힌 매듭으로 묶여져 있는데 아시아를 정복하는 사람만이 이 매듭을 풀 수 있다고 전해지고 있었다. 그러던 중 BC 333년 알렉산더 대왕이 근처를 지나면서 이 전차를 보고는 매듭을 단칼로 끊어버렸다는 이야기에서 복잡한 문제를 단숨에 대담하게 풀었다는 의미로 쓰인다 – 역자주)을 자르는 한 가지 길이 될 수 있을지 모른다. 그렇다면 그 힘은 대체 무엇이며, 이것이 자연선택의 법칙을 어떻게 보완 또는 폐기하는지 알아내는 것이 필요하다. 게임에서 새로운 기회가 생기면 논의는 계속될 수 있다.

빠르게 형성될 수 있는 어떤 고립된 소규모 개체군에서 우연히 돌연변이가 발생하였다고 가정하자. 변이가 일어난 유전자가 눈동자 색깔을 결정하는 것처럼 평범한 유전자가 아니라 다른 유전자 발현을 조절하거나 신체 각 부분의 상대적 성장률에 영향을 주는 마스터유전자라고 가정하자. 캐나다 로키산맥 고지대의 버지스 쉐일(Burgess Shale)에서 5억3천만 년 전에 살았던 작은 무척추동물 화석이 발견된 적이 있는데, 다윈의 자연선택 이론이 작용한 것처럼 보이지 않는 기묘하고 특이한 화석이었다. 또는 어떤 임의의 요인이 그 동물의 모습을 만든 것처럼, 5억3천만 년 후 다른 요인이 우연히 어떤 특정 아프리카 유인원 집단에 기본적인 변화를 발생시켰다고 생각해보자. 자연선택은 유전자의 중요 영역에만 작용하고, 우리 관심 밖에 있는 다른 영역은 생존에 큰 영향이 없으므로 우연에 맡겨진다고 가정해 보자. 수렴적인 변화가 일어났다고도 가정해

보자. 이런 추론은 많은 관심을 불러일으켰으나 현재까지 인류 출현에 대해 정확히 정형화된 이론으로 발전하지는 못했다. 자연선택 이론은 마치 영국 법처럼 사소한 일까지 관여하지 않는다. 얼룩말의 줄무늬 수처럼 생존에 어떤 식으로든 큰 영향을 주지 못하는 작은 신체적 변화는 어느 종에서나 얼마든지 일어날 수 있다. 그러나 사람과 유인원의 차이는 그처럼 사소해 보이지 않는다. 우연히 유전적으로 털 없는 고릴라가 태어나는 것은 마치 털난 아기가 우연히 태어나는 것처럼 매우 드문 현상이며 확실히 눈에 띄는 일이다. 털이 없는 고릴라는 그들이 사는 환경에서 생존하고 자손을 번식하는 데 아주 불리하기 때문에, 설령 어떤 고릴라 무리가 아무리 작고 고립되어 있다 하더라도 그 무리 속에 털 없는 고릴라 무리가 새로이 형성되지 못할 것이다. 기회가 있다고 해도, 자연선택이 정리해버리는 것이다.

아인슈타인이 상대성이론을 어떻게 생각해냈는지 간단히 표현해달라는 요청을 받았을 때 '나는 격언을 무시했다.'고 답했다.

이제 마의 트라이앵글 문제를 풀기 위해 우리도 격언을 무시할 차례다. 바로 그 첫 번째 명제인 인류가 사바나에서 진화했다는 격언을 무시해 보자. 그리고 논의를 위해 인류 초기의 결정적 진화 단계가 사바나에서 일어나지 않았다고 가정해보자.

이제 우리는 새로운 의문을 갖게 되었다. '그럼 과연 어디에서 인류의 진화가 일어났던 것일까?'

2. 화석 연구자들

'모든 고생물학적 발견은 거의 논란거리가 된다.'

존 내피어(John Napier)

살아 있는 종의 진화역사를 재구성하는 데는 두 가지 방법이 있다. 하나는 생물이 살아 있을 때 행동을 연구하고, 이 생물이 죽은 다음 해부를 해서 연구하는 것이다. 다른 하나는 그들의 조상 화석을 찾는 방법이다.

두 가지는 상호 보완적이며, 다른 하나가 보여주지 못하는 점을 우리에게 알려준다. 화석 연구자들의 공헌이 먼저 떠오르는 것은 대중들의 마음속에 이들이 진화 전문가로 각인되어 있기 때문이다. 기자가 인류 기원 전문가로부터 자문을 받을 때나 TV 제작자가 관련 프로를 제작하고 싶을 때 가장 먼저 찾는 사람들이 바로 화석 연구자들이다.

여기에는 그럴 만한 이유가 있다. 원시 인류의 화석을 찾는 일은 뛰어난 용기, 열정, 결단력, 상당한 행운 등 신체적 정신적 능력을 필요로 한다. 따라서 인류 화석을 찾는 데 성공한 사람은 에너지가 넘치며 설득력이 있고 외향적이다. 그들의 발견은 좋은 뉴스거리를 제공하며 그만큼 발견에 대한 주장 역시 시끄러운 논쟁을 부른다. 이것이 언론매체의 관심을 더욱 끌게 된다.

그들은 인간과 유인원 뼈의 비교해부학과 그들이 발굴한 뼈의 주인인 원시인류에 대한 전문가이다. 뼈는 신체 중 유일하게 화석화될 수 있다. 그러나 그들은 뼈가 아닌 다른 기관에 대해서는 지식이 상대적으로 떨어지며, 관심 영역 밖의 질문을 받을 때는 종종 잘못된 대답을 하기도 한다.

반면 해부학적 연구는 오랫동안 재미없고 단조로운 진화 연구 분야로 여겨져 왔다. 가장 권위 있는 생물진화 분석가인 하버드대학교의 에른스트 마이어(Ernst Mayr)는 '비교해부학 연구에 근거한 아이디어가 후속 화석의 발견으로 부정된 적은 한 번도 없다'고 지적한 바 있다. 그럼에도 불구하고 해부학자들은 고대 인류 두개골의 함몰된 눈두덩만큼도 대중의 상상력을 자극하지 못하고 있다.

로저 루윈(Roger Lewin)이 1987년에 출판한 『논쟁의 뼈(Bones of Contention)』는 인류 기원을 찾는 화석 연구자의 활동에 대해 가장 유익하고 통찰력 있는 내용을 담고 있다. 이 책은 인간과 유인원의 공통된 조상 그리고 현생 인류 사이의 '잃어버린 고리'를 발견하기 위한 경쟁이 시작된 20세기 초부터의 이야기를 담고 있다. 화석 연구자들은 처음에는 전 세계를 대상으로 과연 어디서부터 발굴을 시작해야 할지 막막했을 것이다.

다윈은 인류의 탄생지가 아프리카일 것으로 예견했다. 하지만 오랫동안 다윈주의자들조차도 그런 생각을 별로 좋아하지 않았다. 그들은 이것이 마음에 걸려 만물의 영장인 인류의 근원을 찾기 시작했으며, 마음속에 어떤 정형화된 영상을 그리고 있었다. 물론 우리는 이를 장려할 필요는 없다. 오늘날에도 삽화가에게 유인원에서 시작하여 점차 직립 보행과 지적인 발달을 통해 마침내 현생 인류가 되어 가는 연쇄 그림을 그려 달라고 하면 그는 틀림없이 최종 인간을 성인 백인남자로 그릴 것이다.

화석 연구자들은 이처럼 큰 희망을 품고 유럽에서 발굴을 시작했다. 네안데르탈인 화석이 이미 다윈시대에 유럽에서 발견된 적이 있었다. 그러나 이들이 우리의 잃어버린 고리가 되기에는 자격이 좀 떨어졌다. 왜냐하면 네안데르탈인은 튀어나온 턱과 악당 같이 좁은 이마를 가진 추한 원시인이었다. 아무리 네안데르탈인의 두개골이 우리보다 약간 크다 하더라도 우리가 그들의 후손이라고 믿고 싶지는 않았던 것이다. 그러나 이 화석들은 유럽이 화석을 찾기에 아주 좋은 장소라는 사실을 재차 확인시켜 주었다.

1912년 영국 서섹스(Sussex)에서 어떤 사기꾼이 현대인의 두개골과 오랑우탄의 턱뼈를 파묻고서는 잃어버린 고리를 찾았다고 주장한 '필트다운인' 사건이 발생한 적이 있다. 그러나 진실은 사건이 나고 40년이 지나고서야 밝혀질 수 있었다. 이 장난에 의한 희생자 중 한 명이 나중에 고백한 바에 따르면 최초의 인류는 영국인이라고 믿었다는 것이다. 1920년대에 또 하나의 불행한 시도가 미국에서 발생했다. 1922년 미국 자연사박물관의 오스본(H. F. Osborn)이 플라이오세 유골인 '네브라스카인'의 이빨을 발견했다고 흥분한 적이 있었다. 나중에 알고 보니 아메리카산 멧돼지의 이빨로 밝혀지고 말았다.

1920년대부터 인류가 아시아에서 최초로 출현했을 것이라는 생각이 점차 퍼지기 시작했다. 이에 대한 첫 번째 근거는 유진 뒤브와(Eugene Dubois)가 1890년대 자바에서 발견한 호모 에렉투스(*Homo erectus*)의 유골이었다. 아프리카는 좀 그렇지만 그래도 아시아는 받아들일 만했다. 이론적 근거도 아시아 기원설을 확실히 지지해 주는 데 부족함이 없었다.

열대 아프리카 기후로 인해 쇠약해진 아프리카 유인원이 진화의 사다리를 오르는 데 역부족이었을 것으로 생각했다. 인간의 조상은 보다 활기찬 풍토의 산물일 것으로 생각되었다. 결국 아시아가 고대 문명의 발상지가 되었다는 것은 인간이 아시아에서 오래 머물며 다른 동물보다 앞서게 되었다는 사실을 말해 주었다. 따라서 전문가들은 아시아 쪽에 확실히 방점을 찍었고 문제가 해결된 것처럼 보였다.

아프리카를 다시 무대에 올린 사람은 레이몬드 다트(Raymond Dart)였다. 그는 호주 출신으로 런던에서 공부했으며 경력을 쌓을 목적으로 남아프리카대학 해부학과장에 지원하였다. 그는 아프리카에 가게 되었지만 여기가 화석을 찾는 데 좋은 장소라고는 결코 생각하지 않았다. 그의 스승도 같은 얘기를 다트에게 해 주었다.

그러나 2년도 채 지나지 않은 1925년 1월 그는 중요한 발견을 했다고 발표했다. 한 석회암 광산의 광부들이 작은 두개골 화석을 보여주었는데 거기에는 뇌의 정확한 크기와 모양까지 알 수 있는 두개골 내부의 고형 석회암이 있었던 것이다. 나중에 이 두개골은 '타웅 어린이(Taung Baby)'로 알려졌는데, 그 이빨로부터 어렸을 때 사망했다는 사실이 밝혀졌기 때문이다.

얼굴은 유인원처럼 보였으나 다트는 인간에 가까운 몇 가지 특징을 발견했다. 그중 하나가 두개골 아래쪽의 구멍이었다. 이 구멍이 척추의 상부에 두개골이 놓이도록 각도가 나 있었던 것이다. 이로부터 다트는 이 '타웅 어린이'가 똑바로 서서 걸었다는 결론을 내렸다. 그는 이 사실에 흥분해서 과학자의 상례를 벗어난 경솔한 행동을 하고 말았다. 과학학술지 네이처(Nature)에 바로 편지를 써서 이어 발행된 1925년 2월호에 잃어버린 고리를 마침내 발견했노라고 성급하게 주장했던 것이다.

역시 남아프리카에 있었던 스코틀랜드 출신 의사 로버트 브룸(Robert Broom)을 제외하고는 아무도 다트의 주장을 믿으려 하지 않았다. 다트가 발견한 것은 어린 침팬지의 유골이며, 인간의 것으로 보기에는 너무 작고, 더구나 잃어버린 고리가 남아프리카에서 나온다는 것은 어불성설이라는 비난과 조롱이 쏟아졌다. 게다가 그가 발견한 화석에 오스트랄로피테쿠스라는 이름을 붙인 것도 고전적 지식이 부족하다는 공격을 받았다. 오스트랄로피테쿠스는 남쪽 유인원이란 뜻으로 그리스어와 라틴어의 합성어였다. 당시에 과학계의 명사였던 아서 키스(Arthur Keith)경은 타웅 두개골의 석고 모형을 검사한 후 다트의 주장은 허무맹랑한 것이라고 주장했다.

오스트랄로피테쿠스

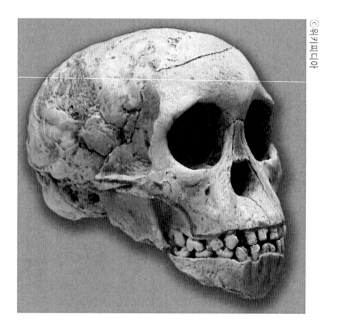

타웅 어린이 두개골

다트의 생각은 그만 기억 속에서 잊혀졌다. 인간 진화에 관한 새로운 책들은 남아프리카에서 다트가 발견한 것을 언급하지 않았다. 1931년 다트는 그 두개골의 중요성에 대한 최종 논문을 영국왕립학회에 제출했지만 거절당했고 출판조차 되지 않았다.

타웅이 발견된 후 11년이 지났을 때 브룸이 또 하나의 오스트랄로피테쿠스를 발견했는데 이번에는 어린아이가 아니라 성인이었다. 그러나 또다시 11년이 흐른 1947년이 되어서야 비로소 전문가들의 의견이 다트에게 호의적으로 바뀌기 시작했다. 결국 그로스 클라크(Gros Clark)를 중심으로 공식적으로 인정한다는 의견이 쏟아지기 시작했고, 아서 키스경은 '다트 교수가 옳았고 내가 틀렸다'고 짤막하게 고백함으로써 사태는 일단락되었다.

다트는 92세 생일을 맞아 '사람들이 나를 믿지 않았지만 나는 서두르지 않았다'고 회고했다. 과학계의 기존 정설을 뒤집는 이론이 하룻밤 사이에 사람들에게 인정받는 것을 기대하기는 어렵다. 우리는 다트가 22년 걸린 것이 평균 정도라는 사실을 기억해야 한다.

그때부터 화석 연구자들은 중국에서 잃어버린 고리를 찾는 꿈을 포기하고 아프리카를 주목하기 시작했다. 1960년대와 70년대 루이스와 메리 리키(Louis & Mary Leakey)는 탕가니카에서, 리키의 아들 리처드(Richard)는 케냐에서, 돈 요한슨(Don Johanson)과 팀 화이트(Tim White)는 에티오피아에서 일련의 놀라운 발견을 했다. 여기서 발견된 많은 화석들이 인간 조상의 계통도에서 어느 지점에 위치하는지 아니면 아예 그 자리에 들어갈 자격이 없는지에 대한 치열한 논쟁이 벌어졌다.

그러나 한 가지 경향만은 뚜렷했다. 화석 발견이 아프리카 북쪽으로 점차 이동하면서 화석 나이도 점점 많아졌다는 사실이다. 따라서 남아프리카가 인류기원의 땅이라고 볼 수 없으며, 남쪽 유인원인 타웅 부족은 아프리카 지구대를 따라 남쪽으로 이주한 북쪽 유인원 종족의 후예일 가능성이 높아졌다.

하지만 다트의 발견이 먼저였다. 다트의 발견 대상지는 넓어서 옛 인류 조상이 거기서 어떻게 살았는지 충분히 상상해 볼 수 있을 정도였다. 다트와 브룸이 남아프리카에서 발견한 화석은 덥고 건조한 지역의 동굴 퇴적물과 함께 파묻혀 있었다. 또한 뿔과 개코원숭이 두개골, 기타 초원 서식지 증거들이 함께 출토되었다. 이는 인간이 사바나 초원으로 이동한 유인원이 아닐까 하는 추측을 불러일으켰다.

이 생각은 인류 기원에 대한 오래된 의문에 대한 해답으로 즉시 인정되었다. 대중들의 마음속에서 키플링(Kipling)의 정글북이나 라이스 버로우(Rice Burrough)의 타잔과 같은 이미지가 아프리카 대륙의 절반을 차지하는 대초원을 활보하는 인간 조상들의 이미지로 대체되었다.

이런 개념은 한번 받아들이면 없애기가 매우 어렵다. 과학자들은 처음에 가설로 사용하다가 나중에는 정형화된 모델로 사용하였으며, 이론을 보완하고 논문을 출판하며, 본연의 임무에 충실하여 확고한 관심을 가졌다. 드디어 이제는 상식이 되어버렸다. 사바나 이론은 인간의 모든 특성 즉 털 없음, 직립 보행, 성적 유대, 도구 사용 등을 설명하는 근거가 되었다.

만약 에티오피아 발굴이 남아프리카보다 먼저 이루어졌다면 이런 얘기는 나오지 않았을지 모른다. 아파르(Afar) 반도의 하다르(Hadar) 지역은 지금은 건조하지만 지질 퇴적층으로 볼 때 당시에는 호숫가나 강가 주거지였을 것으로 판단된다. 올두바이(Olduvai) 계곡도 마찬가지이다.

아프리카 지구대의 모든 화석 발굴지는 초기 인류가 살던 시대에는 지금보다 훨씬 습기가 많았던 것으로 추정된다. 레톨리(Laetoli) 지역만은 예외로 보이는데 여기서는 한 쌍의 초기 인류가 새롭게 퇴적된 화산재 위에 발자국을 남겼다.

지구대 대부분은 지금은 사막이나 다름없지만 당시에는 푸르렀을 것이다. 돈 요한슨은 이를 다음과 같이 묘사했다. '숲이 우거진 호수 지역은 사냥감으로 넘쳐나며, 강은 휘돌아 흐르고 굵은 열대 수목이 들어차 있었다.' 인간말고도 많은 동물이 여기에 뼈를 묻었다. 돼지, 코끼리, 무리를 짓는 동물, 설치류, 말의 조상과 악어, 물고기, 하마, 개구리, 늪 달팽이, 물새 그리고 골풀과 같은 수생식물의 꽃가루 화석이 발견되었다. 지금까지 나온 이곳 화석 중 가장 유명한 것이 바로 '루시(Lucy)'이다. 루시는 동아프리카에서 거의 완전한 골격 형태로 악어와 거북 알, 게의 집게다리 잔존물과 함께 발견되었다. 1985년 과학자들이 타웅 현지를 다시 방문해서 그곳 역시 타웅 어린아이가 살았을 때는 지금처럼 건조하지 않고 습한

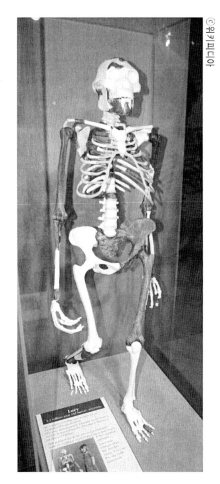

루시

기후였다는 사실을 밝혀냈다.

그러므로 우리가 먼저 아프리카 북쪽에서 화석을 발견하고 차차 내려
왔다면 오스트랄로피테쿠스의 삶은 물가의 그늘진 나무 아래 누워 과일,
채소, 물고기 등을 먹고 사는 집단으로 묘사되었을 것이다. 그러나 우리
가 현재 보는 그들의 삶은 털 복숭이 인간이 키가 낮은 가시덤불 사이로

건조한 초원지대를 돌아다니며 영양 섭취를 위해 사냥을 하거나 죽은 고기를 찾아 먹는 것으로 그려지고 있다.

사바나 이론은 후퇴할 줄 몰랐다. 루시는 사바나 이론에 동화되었고, 지구대의 화석은 당시 대표적인 토착 생물상을 반영하지 못하는 것으로 여겨졌다. 이러한 화석은 단지 죽은 생물의 집합일 뿐이며 루시가 호숫가에서 죽었다 하더라도, 그녀가 거기서 살았다는 증거는 아닌 것으로 생각되었다. 화석에 늪과 호수 생물종의 뼈가 포함돼 있는 것은 틀림없지만 사바나 서식종의 뼈는 단지 물 마시러 왔다가 돌아가지 못한 것일 수도 있었다. 우리는 초기 인류가 호숫가와 사바나 중 대체 어디에서 살았는지 도저히 알 수 없는 상황이 되고 말았다.

사바나 이론은 많은 초기 인류가 호숫가 진흙에 뼈를 남겼지만 그래도 일부는 메마른 초원에서 죽었을 것으로 추론한다. 그러나 현재 이에 대한 흔적을 발견할 수 없는 것은 초원에서는 시신이 육식동물의 먹이가되기 쉽고, 환경 여건상 뼈가 보존되기 어려웠을 것이기 때문이라고 한다. 그래서 이는 놀라운 일이 아니라고 주장한다. 그럴듯한 얘기이다. 만약 루시와 그 동료들이 사바나에서 살다가 죽기 위해 숲이 우거진 지역으로 쉽게 돌아갈 수 있었다면, 왜 그들이 숲에서 살지 않고 굳이 사바나에서 살려고 했는지 이해하기 어렵다.

한편 화석 연구자들의 세계가 레이몬드 다트에 이어 또 한 번 허무맹랑한 주장에 의해 흔들리는 사태가 발생했다. 이는 그들의 신조에 반하는 주장이었다. 이런 주장은 화석을 찾느라 땀을 흘려본 적도 없고, 선사시대 어금니의 돌출부를 놓고 고민해 본 적도 없는 연구 분야에서 나왔기 때문에 더욱 논쟁이 가열되었다. 바로 생화학분석법이라는 새로운 첨단 과학기술로 무장한 해부학자들이었다. 이들은 인류 출현 시기에 관심이 많았다.

인류발생의 계통도에 대해 전문가들 사이에 의견이 일치한 적이 한 번도 없었다. 예를 들어 루이스 리키는 오스트랄로피테쿠스의 화석이 현생 인류로 이어지는 직접 계통에 속하지 않는다고 생각했다. 그는 이들이 모두 중간에 멸종된 부차적 계통에 속하며, 인류의 진짜 조상은 성배처럼 아직 찾지 못했다고 주장한다. 또 다른 학자들은 루시와 하다르에서 발견된 다른 화석들이 호모 사피엔스(*Homo sapiens*)의 조상이라고 믿고 있다.

더구나 인류와 유인원이 분화된 시점이 언제인가는 아무도 확실히 알수 없었다. 다만 오래 전에 그랬을 거라고 추측할 뿐이었다. 사람은 유인원과 많이 다르고 진화는 느리게 일어난다. 60, 70년대까지도 모든 전문가들은 사람과 유인원이 갈라진 시점이 약 3천~5천만 년 전일 것으로 생각했다. 아무리 빨라도 최소한 1천5백만 년 전은 될 것이라고 생각했다.

그러나 갑자기 분자생물학자들이 다른 의견을 내놓았다. 사람과 유인원이 공통 조상으로부터 갈라진 지 이제 겨우 5백만 년밖에 안 되었다는 것이다. 분자생물학자들은 사람과 현존하는 아프리카 유인원으로부터 단백질과 핵산을 추출하여 비교하고, 사람과 유인원이 분화된 시점이 오래될수록 이들 간의 차이가 크다는 가정 하에 차이를 분석해서, 그 시점을 알아냈던 것이다. 사람과 침팬지의 차이는 단지 1%로 매우 작다는 사실이 밝혀졌다.

'5백만 년' 주장이 1967년 말 빈센트 사리크(Vincent Sarich)와 앨런 윌슨(Allan Wilson)에 의해 발표되자 고생물학자들로부터 혼란된 반응이 나왔다. 대부분은 당시 이 이야기를 들었을 때 그냥 무시하고 넘어갔다. 이런 반응은 바람직한 것은 아니었지만 보통 가장 무난하고 전통적인 것이었다. 다른 몇몇 사람은 이에 대해 그들이 알고 있는 화석기록 연대와 많이 차이가 나므로 말도 안 된다고 일축했다. 또 다른 몇몇 사람은 분화된 시점을 1천5백만 년 이상에서 1천5백만 년 이하로 살짝 바꾸면서 조용히 자신의 견해를 수정하고 논쟁을 피해갔다.

하지만 대부분은 5백만 년 설을 받아들이기가 거의 불가능하다는 사실을 알고 있었다. '그들은 이것이 왜 사실이 아닌지에 대해 어떤 근거도 제시하지 않았다. 단지 감으로 이것이 사실일 수 없다고 말할 뿐이었다.'라고 윌슨은 지적했다. 그는 레이몬드 다트의 경우와 마찬가지로 벽에 대고 말하는 것 같았다. 그는 자신을 공격하는 사람을 변호하는 그럴싸한 논리로 반박당했다. '나는 누군가가 속한 사회적 배경을 고려하여 그를 비난해서는 안 된다고 생각한다.'고 윌슨은 말했다.

그러나 그의 동료 사리크(Sarich)는 다트와 같은 성격이 아니었다. 그는 20년간 논쟁을 피해 가만히 앉아 있는 것을 원치 않았다. 그는 서두르지도 않겠지만 그렇다고 믿어주기를 바라지도 않는다고 말했다. 그러나 내심 남들이 정말 신속하게 믿어주기를 기대했다. 캘리포니아대학교 인류학과 셔우드 워시번(Sherwood Washburn) 교수는 '그는 사람들이 생각을 바꾸는 속도가 내가 합리적이라고 믿는 속도보다 더 빠르기를 원했다.'고 했다. 사리크는 두개골이나 이빨, 턱뼈 화석에 관한 주장에는 관심이 없었다. 즉 이들이 어떻게 생겼는가는 중요하지 않았다. 그는 낡은 판단은 거기에 집착할 근거가 더 이상 없으므로 즉시 폐기되어야 한다고 주장했다.

한동안 치열한 논쟁이 이어졌다. 신기술은 처음에는 믿을 수 없다고 공격을 받았으나 나중에는 보다 주의 깊은 검증을 요구받았다. 두 명의 다른 과학자, 찰스 시블리(Charles Sibley)와 존 알퀴스트(Jon Ahlquist)가 상세한 뉴클레오타이드 서열(nucleotide sequence) 대신 유전 물질 전체 구조의 차이점을 분석하는 DNA혼성화(DNA hybridization) 기술을 사용하여 마침내 새로운 결과를 내놓았다. 그들은 사리크와 윌슨의 결론인 4백만 년에서 6백만 년 사이보다 긴 그러나 많이 길지는 않은 7백만 년에서 9백만 년 사이의 시점이라는 결론에 도달했다.

인식이 조금씩 바뀌어갔다. 새로운 증거를 탁자에 올려놓기는 하였지만 어느 정도 거리를 두는 경향이 생겼다. 즉 '분자생물학자들을 믿는다면 우리는 다음과 같은 결론에 도달한다.'와 같은 전제를 두기 시작했다. '다트 교수는 옳았고 나는 틀렸다.'는 키스의 고백에 가장 근접한 말이 데이비드 필빔(David Pilbeam)의 논문에서 나왔다. 필빔은 그동안 작업해 온 전도유망한 새 이론이 이 시점에서 흔들릴 지경이었으니 낙담할 만도 했다. 1984년 그는 '이제 분자생물학적 자료가 화석 기록보다 인류 분화 시기에 대해 더 많은 정보를 준다는 것은 명백해 보인다.'라고 썼다.

사리크는 이 논쟁의 한쪽에 서서 다소 선심 쓰듯이 비슷한 생각을 표명했다. '바보가 아니라면 화석 기록이 어떤 업적도 낼 수 없다고 말하지는 않는다. 다만 그 업적이 지금까지 너무 과장되었을 뿐이다.'

누군가 화석 기록이 무용지물이라고 한다면 그야말로 잘못된 소리이다. 화석 기록은 그동안 우리 지식의 중심이 되었고 활력을 불어넣어 주었기 때문이다. 분자생물학은 우리가 언제 유인원으로부터 분화되었는지 말해줄 수 있지만 정확히 어디에서 일어났고, 그곳이 어떤 환경이었는지는 말해줄 수 없다. 또한 분자생물학자들은 화석 연구자들과 달리 인류가 수백만 년을 두 발로 걸어 다닌 후 비로소 우리 두뇌가 커졌는지에 대해서도 말해줄 수 없다.

이제 우리는 인간에게만 있는 주요 특징인 두 발 걷기가 최초로 나타난 시점과 장소를 거의 정의할 수 있는 단계까지 근접해 있다고 분명하게 말할 수 있다.

지난 수십 년간 분자생물학자들은 인간과 유인원이 분화된 시점을 더 과거로 옮겨 놓았으며, 반면 화석 연구자들은 첫 직립 보행자의 출현 시점을 현재에 더 가깝게 옮겨놓아 양자 간의 간격이 많이 좁혀졌다.

따라서 지금부터 6~7백만 년 전에서 350만 년 전 사이 어느 시점에 홍해 부근 북동아프리카 지역 어딘가에서 일부 유인원들이 바로 선채 두 발로 걷기 시작했다고 어느 정도 자신 있게 말할 수 있게 되었다. 그러나 유인원들이 효과적인 포유동물의 네발 걷기 이동 방식에서 벗어나 다소 이례적으로 두 발로 걷기 시작했다는 것은 무슨 계기가 있었음에 틀림없다. 이러한 극적인 변화에는 반드시 극적인 원인이 있어야 할 것 같다.

　　그러나 지금까지의 생각은 극적인 것이 아니었다. 숲이 점차적으로 축소되어 그곳에 살던 수많은 동물들이 차츰 살기가 어려워졌고, 일부 유인원들이 나무에서 내려와 평원으로의 모험을 시작했다는 것이다.

　　이 이론은 계속 이어진다. '그래서 그들은 직립보행을 하게 되었다.' 바로 이점이 논리상의 문제점을 안고 있다. 왜 그들은 그래야만 했을까? 평지의 다른 동물들은 그러하지 않았고, 이후로도 그런 생각은 꿈도 꾸지 않고 있다. 지금도 우리가 겪고 있듯이 두 발로 걸을 때의 단점이 너무 많기 때문에, 이는 손쉬운 선택이 아니다. 이런 점은 흔히 지금까지 간과되어 왔으며 다음 장에서 이에 대해 하나하나 짚어볼 예정이다.

　　뼈 화석은 인류 기원에 대해 많은 것을 말해 주며, 또한 과학자들에 대한 몇몇 이야기도 해준다. 과학자들은 거의 예외 없이 독불장군식의 생각을 접할 때, 그것이 허무맹랑한 것인지 아닌지를 본능적으로 알아차릴 수 있다고 자신한다. 그들은 이런 자신감이 새로운 생각을 상세히 검토하거나 이를 부정하기 위한 논리적 증거를 제시할 의무를 면제해준다고 느낀다.

　　아마도 10번 중에 9번은 그들이 옳을 수 있겠지만, 때론 틀릴 수도 있다. 1912년 필트다운인 사건, 1920년대 타웅 두개골 논쟁, 1970년대 인간과 유인원의 분화 시점에 대한 논쟁이 바로 틀렸을 때였다. 과학자들은 그들이 선호하는 사바나 이론의 취약점을 검토하지 않고 집착함으로써, 오늘날 또 다른 오류를 범하고 있을지 모른다.

3. 두 발 걷기는 왜 불리한가?

'네발짐승이 달리기 위해 두 발로 선다는 것은 정신 나간 짓이며, 정말 소가 웃을 일이다.'

오웬 러브조이(Owen Lovejoy)

우리는 두 발로 걷는 행동을 수백만 년 동안 지속해왔으므로 직립 보행이 결코 어려운 일이 아니다. 다만 우리가 걸음마를 배워가는 14개월 된 어린아이거나 다리를 다쳐서 오직 지팡이의 도움으로 한 다리로 절름 거릴 수밖에 없을 때나, 아니면 술에 취했을 때, 등뼈에 통증이 있을 때, 늙었을 때를 제외하고는 말이다.

직립보행이 쉽다고 여겼으므로 초기 진화학자들은 이를 설명하는 데 전혀 거리낌이 없었다. 다윈은 『인간의 계보(The Descent of Man)』를 썼을 때 직립보행을 바로 목차에 포함시켰다. 그 당시 직립보행의 발전 단계는 명확해 보였다. 첫 단계로 최초 인간은 점점 더 발달된 지성과 재주를 가지게 되었다. 다음으로 인간은 연장과 무기를 만들게 되었다. 그는 두 발로 땅에 선 채 두 팔을 사용하는 것이 연장까지는 아니더라도 최소한 무기를 잡는 데 더 유리하다는 사실을 알게 되었다. 다윈은 '따라서 인류의 조상이 두 발로 서서 걷는 것이 더 유리하다고 생각하지 않을 이유는 없었다.'라며 조심스럽게 이중부정을 사용하여 결론을 내렸다.

다윈이 더 오래 살아서 루시와 동료들의 화석을 보았다면 아마 유리하지 않은 이유를 알게 되었을 것이다. 이들의 두뇌는 작았고, 뼈가 집중적으로 발견된 곳에서조차 어떤 연장이나 무기의 흔적도 발견되지 않았기 때문이다. 이 발견은 그때까지의 모든 인류 진화 이론을 뒤집는 것이었다. 이제는 직립 보행이 다른 인간 특성에 뒤이어 그들이 더 잘할 수 있도록 나타난 것이 아니라는 게 분명해졌다. 직립보행이 가장 먼저 나타났던 것이다.

충격이 매우 컸다. 레이몬드 다트가 타웅 어린이 두개골로부터 이것이 두 발로 걸었던 초기 인류라는 사실을 추론한 지 이미 50년 이상 지났고, 또 그의 주장이 받아들여진 지도 벌써 30년 이상 지났다.

그러나 아직도 과학계의 논리와 직립보행 유인원의 거의 완전한 골격 모습 사이에는 많은 차이가 있다. 루시와 하다르 화석들은 3백만 년 이상 된 것으로 발견된 초기 인류 화석 중 가장 오래된 것이었다. 한편 타웅지역의 연대는 약 백만 년 정도로 밝혀졌다. 최초의 두 발 보행자 루시는 초기 인류라기보다는 두 발로 서서 걷게 된 최초의 동물이라고 할 수 있다.

이들이 두 발로 걷게 됨으로써 많은 불리한 점을 얻게 되었다. 우리는 지금도 직립보행에 대한 대가를 지불하고 있다. 포유동물의 척추는 수억 년 동안 최고의 효율을 갖도록 진화해 온 것이다. 포유동물은 사방에 각각 하나의 다리를 두고 척추를 수평으로 놓은 채 걷는다. 이는 어떤 전문기술자도 찬사를 보낼 만한 설계도이다. 척추는 양쪽에 한 쌍의 움직이는 기둥으로 지지되는 보의 원리로 설계되었다. 모든 내부 장기의 무게는 보를 따라 균일하게 분포되고 보가 이를 지지한다. 움직이는 교량과 비슷하다.

인류의 먼 조상은 이렇게 훌륭하게 진화한 방식을 버리고, 무게 중심이 위로 올라가고 아래가 좁아지는 불안한 두 발 걷기 방식으로 바꾸었던 것이다. 잠시 또는 언제나 두 발로 걷는 캥거루나 타조 같은 동물도 있다. 그러나 이들은 척추를 곧추세우지 않으며 이들의 몸무게는 땅에 붙인 두 발 사이에 넓고 고르게 배분된다. 이는 마치 외줄타기 묘기에서 긴 균형 막대로 자신의 평형을 유지하며 안정성을 더 좋게 하는 것과 비슷하다.

인간의 직립보행은 많은 심각한 문제를 일으켰다. 유능한 기술자라면 처음부터 다시 설계하려고 할 것이다. 그는 척추를 몸의 중앙으로 옮기고, 그 주변에 허파, 심장, 간 등 장기를 대칭으로 배치하고자 할 것이다. 또 보조 인대는 척추보다는 빗장뼈에서 내려오게 할 것이다. 그러나 진화는 이런 방식으로 일어나지 않는다. 모든 진화와 적응은 일단 한 번 해보고 고쳐나가는 방식이다.

이제까지 인간 골격은 눈에 띄게 변해왔다. 포유동물이 가지는 활 모양의 척추는 완전히 바뀌었다. 아기가 태어날 때 처음에는 척추가 활처럼 구부러져 있으나 곧 똑바로 펴진다. 아기가 일어나 앉게 되면 척추 상부가 약간 앞으로 구부러진다. 그리고 아기가 서게 되면 척추 아래 부분이 다시 한 번 앞으로 구부러진다. 이렇게 척추가 두 번 구부러지는 현상은 직립보행 시 넘어지는 것을 방지하기 위함이다.

척추 하부는 새로운 수직 압력을 감당하기 위해 더 커질 수밖에 없었다. 골반대는 다른 면으로 옮겨졌다. 엉덩뼈(장골)가 양쪽 옆으로 퍼지고 접시같이 납작해지면서 장기의 무게를 지탱하게 되었다. 그렇지 않았더라면 직립보행을 하는 우리 몸의 아래쪽에 구멍이 생겨 탈장 위험이 커졌을 것이다.

이러한 개선은 상황을 많이 호전시켰다. 물론 처음 두 발로 걷기 시작한 수백만 년 간은 최악의 상황이었을 것이다. 그러나 은유적으로 표현하자면 자연은 지금도 이런 간판을 내걸고 있는 셈이다. '공사 중. 불편을 끼쳐드려 죄송합니다.'

우리가 살면서 병 때문에 잃어버리는 가장 많은 시간은 직립보행에서 유래한다. 모든 의사는 다음과 같은 말을 수없이 듣고 있다. '선생님, 척추만 안 아프면 정말 좋겠어요.'

드레스덴의 병리학자 쉬몰(Schmorl)은 인간의 여러 기관 중 가장 먼저 노화하는 것이 척추라고 한다. 노화는 축적된 피로와 마모로 발생한

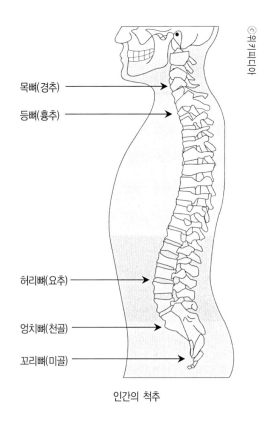

ⓒ위키피디아

목뼈(경추)

등뼈(흉추)

허리뼈(요추)

엉치뼈(천골)

꼬리뼈(미골)

인간의 척추

다. 척추의 병리학적 변화는 자그마치 18살의 젊은이에게서도 발견된다. 최근 영국에서는 척추 통증 때문에 1,900만 일(日)의 노동 손실이 생겼다. 미국에서는 70% 국민이 일생 동안 한 번은 척추 문제로 고통을 받는다고 한다.

우리처럼 유인원과 가까운 동물에게는 두 발로 걷는 것이 자연스러운 일일지 모른다. 왜냐하면 유인원이 나뭇가지를 잡고 이 나무 저 나무로 이동할 때 척추가 우리처럼 곧게 펴지기 때문이다. 이는 우리가 두 발로 걷기 전에 적응이 되어 있어 문제가 적다는 얘기도 된다.

사실 척추만 놓고 본다면 나뭇가지를 붙잡고 이동하는 것은 두 발로 걷는 것과 정반대라고 할 수 있다. 유인원의 신체와 다리의 무게는 나뭇가지를 잡고 이동할 때 척추를 곧바로 펼 수 있게 해주어 척추 연골 디스크의 압력을 크게 줄여준다. 이 때문에 척추 환자들이 양 손을 끌어당기거나 문을 잡고 매달리는 방법으로 척추 압력을 줄이는 것을 종종 볼 수 있다.

그러나 사람은 서 있거나 걷거나 달릴 때 척추의 각 뼈가 그 위에 축적된 뼈의 무게를 감당해야 한다. 이들 사이의 디스크는 상부의 무게로 납작해져 바깥으로 팽창하게 된다. 각 디스크가 납작해지는 정도는 작지만 모두 합쳐지면 2.5cm 정도에 이른다. 그러므로 우리가 낮에 일을 하면 키가 점차 줄어들게 된다. 그러나 밤에 잘 때는 디스크가 회복되어 키가 원래대로 돌아온다. 나이가 들면서 디스크는 점차 탄력성을 잃게 된다. 따라서 디스크가 납작해지는 정도가 영구화되고 키도 점차 줄어든다. 이러한 현상은 골다공증과 같이 뼈에서 칼슘이 소실되는 현상이 더해져서, 늙으면서 키가 조금씩 줄어드는 원인이 된다.

척추 아래쪽 문제는 허리부분의 구부러짐이 구조적으로 약하고 불안정하기 때문에 발생한다. 만약 압력이 추가로 발생하면 척추 하부는 바로 상단의 등뼈 경사보다 뒤쪽으로 밀리게 된다. 이러한 이탈이 척추 신경계에 압력을 가하여 통증을 유발한다. 안정을 취하면 통증이 잠시 사라졌다가 다시 재발하기도 한다.

디스크는 강한 외피로 둘러싸여 있어 외피에 틈이 생기는 경우가 드물다. 하지만 허리 부분의 등뼈가 다음 등뼈의 상부에 제대로 놓이지 못하면, 틈이 생기는 경우가 가끔 발생기도 한다. 이때 두 뼈는 서로 어긋나 디스크의 특정 부위에 cm^{2}당 수백 kg의 압력이 작용하게 된다. 이 수치는 무도장에서 하이힐의 뒤꿈치가 마룻바닥에 손상을 가하는 수치와 비슷하다. 이런 압력으로 디스크는 외피가 깨지면서 빠져나와 굳는다. 이렇게 되면 심각한 통증을 유발하고 수술이 아니면 고칠 수 없는 지경이 될 수 있다.

골격의 변화와 함께 근육도 변화하였다. 걷고, 서고, 앉거나 웅크린 자세에서 다시 선 자세로 바꾸는 동작을 힘차게 하기 위해 다리와 엉덩이 근육이 잘 발달했다. 또 근육의 크기와 힘도 커지게 되었다. 각 다리의 무게는 전체 몸무게의 1/6에 달한다. 새로 발달한 큰 엉덩이 근육은 골반 뼈가 확장되어 지탱하게 되었다.

자연선택으로도 완벽하게 설명할 수 없는 더 미묘한 문제가 있다. 이는 내부 장기를 제자리에 붙들어주는 문제이다. 허리 위는 별 문제가 없다. 포유류의 가슴은 갈비뼈로 둘러싸인 제한된 공간으로 그 속에 폐와 심장이 모두 안전하게 담겨 있으며, 우리가 일어섰을 때도 네 발 보행을 하는 포유류들도 이미 가지고 있는 튼튼한 횡경막이 잘 지탱해준다.

그러나 복부를 보호하는 갈비뼈가 없는 것이 문제다. 원시 척추동물에게는 척추를 따라 갈비뼈가 모두 붙어 있었다. 지금은 파충류만 그렇고, 포유류는 암컷이 임신했을 때 복부 확장이 가능하도록 이 부분의 갈비뼈가 없어졌다.

우리 인간의 복부에는 약 8m나 되는 구불구불한 창자가 훨씬 느슨하게 배열되어 있다. 반면 말 같은 포유동물은 내장이 중력에 의해 복부의 선을 따라 내려와 거기서 때때로 태아의 무게와 합쳐져 척추에 붙어 있는 크고 넓은 인대에 의해 안정적으로 지지된다.

그러나 우리는 두 발로 걷게 되면서 중력이 몸의 뒤쪽으로 작용함으로써 인대가 더 이상 쓸모가 없어졌다. 이로 인한 피해를 줄이기 위해 급격한 진화적인 조치가 일어났으며, 인간의 경우 큰 상처에 임시로 덧대는 붕대처럼 3장의 근육이 서로 엇갈려서 인간의 하복부 벽을 보호하고 있다. 그러나 이 조치는 완벽하지 못하다. 하복부 양쪽의 삼각형 부분은 근육으로 보호되지 못한 채 남아 있어, 갑작스런 기침 발작과 같은 작용으로 소장 일부가 복부 벽을 파열시키는 서혜부 탈장이 생길 수 있다.

또한 중력은 우리 혈관을 흐르는 피에도 작용한다. 우리가 물구나무를 서면 피가 머리와 얼굴에 몰리는 것을 느낄 수 있다. 그러나 우리가 두 발로 설 때는 피가 다리에 몰린다는 사실을 잘 느끼지 못한다. 그러나 한참 누워 있다가 갑자기 일어서는 경우에는 이를 느낄 수 있다. 피가 갑자기 하부로 내려가면 현기증을 느낄 수 있고, 환자의 경우는 다시 눕거나 머리를 다리 사이에 두어 중력으로 인해 피가 머리로 다시 흐르게 한다.

모든 포유류는 피가 심장에서 나와 동맥을 통해 몸을 한 바퀴 돈 다음 정맥을 통해 심장으로 돌아간다. 대부분의 네발짐승은 몸이 수평이므로 피도 거의 수평방향으로 흐른다. 다리로 흐른 피만 정맥을 통해 심장으로 돌아갈 때 수직으로 올라가므로 중력의 반대방향으로 흐르게 된다.

이를 위해 정맥에 있는 밸브가 피를 한쪽 방향, 즉 심장으로만 흐르게 하고 반대쪽으로는 내려가지 못하게 한다. 따라서 밸브는 몸의 다른 부분보다 네 발에 훨씬 많다.

두 발로 서기 때문에 순환계에는 아직 해결되지 못한 추가 문제가 발생하였다. 우리의 직립 자세는 네 발로 있을 때보다 심장이 지상에서 2배 정도 더 높아지는 결과를 초래한다. 이로 인해 대부분 우리 몸에서 심장으로 돌아가는 피는 중력의 반대 방향, 즉 수직방향으로 위로 올라가야 한다. 두 발로 서는 것만으로도 심장 밖으로 피가 흘러나가게 하여, 심장에서 분당 방출되는 혈액량을 20% 정도 떨어지게 한다.

다리의 정맥이 가장 큰 문제이다. 허리뼈(요추) 경우처럼 다리 정맥도 엉덩이 아래쪽에 있기 때문에 압력을 받게 되고 때때로 밸브가 제 역할을 못할 수 있다. 아래로 갈수록 피의 무게가 점점 늘어나 밸브의 작동이 더 어려워지기 때문이다. 결국에는 정맥의 벽이 부풀어오르는 하지정맥류를 유발하게 된다.

다리가 부풀어오르는 하지정맥류는 특히 임신한 여성에게 자주 일어난다. 선 자세에서 태아의 무게가 골반의 혈관을 누르게 되고, 이로 인해 정맥의 압력이 증가하여 혈류의 흐름을 더디게 하기 때문이다.

정맥류가 직장이나 항문에서 발생하면 치질이 된다. 이 경우에 다리보다 더 잘 부풀어오르고 피가 나는 것은 여기에 밸브가 없기 때문이다. 대부분의 네발짐승은 이곳이 심장보다 높아 밸브가 필요 없다.

직립 자세가 골격과 혈류에 미치는 연쇄반응은 어찌 보면 당연하다. 그러나 호르몬에 미치는 영향은 약간의 설명이 필요하다.

콩팥 위에 있는 내분비선은 실제적이건 잠재적이건 신체 비상 상황에서 아드레날린(에피네프린)을 분비하여 싸움이나 도주에 대비한다. 공포나 분노 상황에서 이 호르몬은 혈류로 당을 흘려보내 에너지를 공급하고, 폭력과 유혈사태로 발전하면 혈액 응고 성분을 추가로 흘려보낸다.

비상 상황에 대응하는 또 다른 호르몬에는 알도스테론이 있다. 이 호르몬의 역할은 혈압을 조절하고 염분의 유출을 방지하는 것이다. 긴급하게 알도스테론의 분비가 촉진되는 상황은 (1) 수술 (2) 근심과 걱정 (3)

염분 부족 (4) 출혈 (5) 두 발로 설 때 등이다.

앞의 네 개는 모든 포유류에 해당하고 또 그럴 만도 하다. 체내에 염분이 부족하면 알도스테론이 소변을 통한 염분 방출을 방지한다. 수술이나 출혈로 인해 혈액이 손실되면 혈액 보충과 혈류 증가를 위해 알도스테론을 분비한다. 심한 근심으로 생기는 발한, 구역질, 설사 등과 같은 신체적 증상은 염분을 낭비하는 주원인이다. 알도스테론의 증가는 땀이나 대소변에 의한 염분 손실을 막아주는 역할을 한다.

다섯 번째 긴급 상황은 두 발로 걷는 인간에게만 해당된다. 침대나 의자에서 일어서는 것만으로도 혈액 속의 알도스테론 양이 6배나 늘어난다. 이는 두 발로 서기 위해 필요한 에너지양과는 아무 관계가 없다. 어떤 지원자를 회전판에 묶어 고정시키고 바로 서는 데 전혀 에너지가 필요 없는 상황에서 실험을 해보았다. 그러나 여전히 알도스테론 양이 크게 늘어나는 것을 관찰하였다.

다시 한 번 이야기하자면, 혈류는 중력 방향과 관계가 있다. 우리가 서 있을 때 혈액은 머리와 심장으로부터 내려가 다리로 가게 된다. 혈압의 변화를 감시하는 체내 압력감지기는 목에 있다. 네발짐승 경우 신체의 혈압을 재는 감지기가 목에 위치하는 것이 상당히 합리적이다. 목에서의 혈압은 몸 전체의 혈압을 잘 나타내며, 혈압감지기는 여기서 혈압 변화를 감지하여 알도스테론의 분비를 조절한다.

그러나 혈압감지기는 네발짐승에서 다량 출혈로 발생하는 20%의 혈압 저하와 두 발로 인간이 서는 데 따른 머리와 목에서의 20% 혈압 저하를 구별하지 못한다. 알도스테론 분비는 수술과 두 발로 서는 행동에 똑같은 방식으로 반응하는 것이다. 염분 유출이 일시적으로 중지되고 전체 혈류량은 혈압감지기가 모든 상황이 양호하다고 판단할 때까지 늘어나게 된다. 이 때문에 머리와 가슴의 혈류량은 적정해지지만 다리의 혈류량은 과도해진다. 이런 상태에 도달하면 알도스테론 분비가 끝나고 혈류량이 선 자세에 적정한 수준까지 늘어난 상태로 안정된다. 이것이 정상적인 방식이다. 혈류량을 이런 식으로 빠르게 증가시키지 못하면, 우리가 일어섰을 때 어지러움을 느끼게 되고 현기증이 오래 지속된다.

두 발로 섰을 때 아드레날린 분비량도 알도스테론 정도까지는 아니지만 함께 늘어난다. 이는 우리의 내분비선이 할 일이 매우 많다는 사실을 의미한다. 네발짐승은 안전한 환경에 있을 때 발정기가 아닌 한 거의 내분비선의 변화 없이 몇 주간을 보낸다. 그러나 인간은 혈류량과 호르몬의 변화가 하루에도 몇 차례씩 수시로 반복된다. 고혈압이나 순환기 질환을 가진 환자에게는 이런 현상이 좋지 않다. 의사라면 결코 추천하지 않을 상황이다.

두 발 걷기의 불리한 점을 길게 언급한 것은 이에 대해 불평하자는 것은 물론 아니다. 이러한 문제점을 무릅쓰고서라도 인간으로 진화하는 것이 당연히 더 가치가 있음은 틀림없다.

진화적 관점에서 보면 두 발로 걷기 시작한 최초 인간은 생물학적으로나 상식적으로 아직 짐승이었다. 이후 장기간에 걸쳐 우리에게 주어진 진화적 보상이 두 발로 선 초기에는 전혀 없었다. 우리 조상이 평지에서 직립보행을 시작했을 때는 지금보다 훨씬 상황이 어려웠을 것이다.

골격과 발자국의 증거로 볼 때, 오스트랄로피테쿠스가 서서 걷는다는 것이 우리처럼 쉽지는 않았을 것이다. 일부 골격의 변형이 상당기간 동안 두 발로 서려고 노력했었다는 사실을 보여준다. 일례로 루시의 발은 우리 발보다 더 넓고 크다. 우리 발은 다리 길이의 약 26%이지만 루시의 경우 35%이다. 로저 루윈이 말한 대로 루시는 우리가 수영할 때 사용하는 오리발을 신고 땅 위를 걷는 것처럼 약간 엉성하게 걸었을 것으로 추정된다. 프랑스 고생물학자 크리스틴 타르디외(Christine Tardieu)와 이브

코펭(Yves Coppens)은 현대인의 무릎 관절 형태가 루시에게서는 발달되지 않아 가만히 서 있기도 어려웠을 거라고 추측한다. 우리가 아주 낮은 천장 밑에 무릎 관절이 제대로 펴져 있지 않은 상태에서 오랜 시간 서 있다고 생각해보면 이런 차이를 이해하기가 쉬울 것이다.

완전 초보자에게는 너무나 힘들었을 것이다. 지금까지의 이론에 따르면 수백만 년 전 한 무리의 유인원이 사바나 평원에서 개코원숭이나 침팬지처럼 네 발로 빠르고 편하게 달리는 대신 두 발로 걷고자 했다는 것이다. 즉 그들은 아직 불완전한 골반과 등뼈, 근육이 제대로 붙어 있지 않은 허벅지와 엉덩이, 머리는 엉성하게 목 위에 달린 채 두 발로 서서 긴 발가락과 익숙하지 않은 발을 질질 끌며 끈기 있게 걸었을 것이라고 한다.

그들이 몇 십만 년 후 두 발 걷기가 더 용이해지고 더 유익한 진화적 보상이 주어지리라는 예상을 하면서 이러한 심각한 어려움을 감당했으리라고는 도저히 믿을 수 없다. 당시에 강력한 유발 요인이 있었음에 틀림없다.

다음 장에서는 바로 이 강력한 유발 요인이 무엇이었을까 생각해 보자.

4. 두 발로 걷게 된 이유

'우리는 직립보행의 기원에 대해 솔직히 당혹스럽다는 사실을 인정해야 한다. 아마도 우리는 선입견에 사로잡혀 있을지 모른다.'

셔우드 워시번(Sherwood Washburn)과 로저 루윈(Roger Lewin)

당혹스러움의 한 가지 원인은 인간의 직립보행과 같은 유형이 자연에서 거의 발견되지 않는다는 것이다. 다른 포유동물들이 뛰고, 미끄러지고, 헤엄치고, 굴을 파고, 날고 하는 등의 이동 방식은 서로 관련 없는 종들 간에 공통적으로 진화해 왔다. 그러나 인간은 현존하는 유일한 두 발로 걷는 포유류이다. 비교를 위해 과학자들은 잠깐 동안이라도 두 발로 걷는 포유동물이 이로부터 무엇을 얻는지 조사하였다.

파타스원숭이는 두 발 걷기의 좋은 사례이다. 이들의 서식지는 평지인 사바나이며, 북미들쥐나 아프리카 미어캣과 같이 평지나 초원에 사는 많은 작은 포유동물처럼 멀리 있는 천적의 접근을 빨리 알아볼 수 있게 똑바로 서는 습관을 지니게 되었다. 데이비드 아텐버러(David Attenborough)가 TV 다큐멘터리 '지구의 생명(Life on Earth)'을 제작할 무렵에는, 인간도 같은 동기를 가졌을 것이라는 추측이 설득력 있었다. 그는 '초기 인류에게 지속적으로 서 있는 자세는 매우 유리했음에 틀림없다. 똑바로 서서 주위를 둘러보는 능력은 생과 사의 갈림길에서 매우 중요한 요소였을 것이다.'라고 추론했다.

그의 주장에서 틀린 점은 바로 지속적이라는 단어다. 주위를 둘러보는 모든 포유동물은 다가오는 위험을 감지하자마자 달아나야 한다. 이들은 계속 서 있지 않는다. 또한 적을 계속 관찰하기 위해 선채로 한 발 뒤로 물러서지도 않는다. 대신 즉시 굴을 파거나 가까운 나무 위로 도망간다. 그렇지 않으면 돌아서서 최선을 다해 빠른 속도로 달아난다. 파타스원숭이처럼 평원에 사는 원숭이가 최고 속도를 내기 위해서는 반드시 네발을 사용해야 한다.

지난 수십 년간 제시된 직립보행의 여러 가지 이유로는 (1) 사냥, (2) 채집, (3) 이성, (4) 햇볕 등이 있다.

이 가운데 인간이 동물을 사냥하기 위해 똑바로 서게 되었다는 이론이 가장 오래되었다. 그 이론은 레이몬드 다트가 1953년 출간한 '유인원에서 인간으로의 식성 변화'라는 논문에 담겨 있다. 그는 마카판스카트(Makapansgat) 동굴에서 인류 화석과 함께 으깨진 개코원숭이 두개골 등 다른 동물의 뼈가 많이 발견된 점에 주목하였다. 그는 이 뼈들이 초기 인류가 동굴로 먹이를 가져온 흔적이라고 생각했다.

숲속에 살던 유인원은 먹이가 사방에 널려 있으므로 엄격한 채식주의로 남아 있을 수 있었다. 그러나 나무가 거의 없는 사바나의 유인원은 동물을 사냥할 수밖에 없었다는 것이다. 사냥꾼 인류의 육식 욕망 기원설은 많은 신비감을 불러일으켰다. 나이 어린 오스트랄로피테쿠스의 두개골에서 날카로운 기구로 뚫린 흔적이 두 군데 발견되었을 때, 인간 진화 과정에서 살인이라는 요소가 육식 요소에 더해져 흥미를 증가시켰다.

다트의 몇 가지 생각은 입증되었지만 육식 이론은 전반적으로 점차 지지를 받지 못하고 있다. 이제는 동굴에 살던 초기 인류가 육식성이라기보다 도리어 육식동물의 희생자였다는 생각이 더 지배적이 되었다. 화석 두개골의 구멍 2개도 표범의 아래 송곳니 크기와 거리가 정확히 일치하였다. 이후 사바나에 사는 침팬지와 숲에 사는 침팬지의 야생 행동을 상세히 비교한 연구가 몇 년 동안 이루어졌다. 그 결과에 의하면 숲 침팬지가 사바나 침팬지에 비해 도리어 육식을 더 많이 하였으며, 사냥할 때 능숙함과 상호 협력이 훨씬 더 우수했다는 사실이 밝혀졌다.

그러나 무엇보다도 루시의 발견이 육식 이론의 근간을 허물었다. 하다르에서 발견된 화석은 인류가 큰 두뇌를 갖고 연장과 무기를 사용하여 동물을 대규모로 사냥하기 오래 전부터 이미 두 발로 걸었다는 사실을 보여주었다.

대규모 사냥을 하는 원시인의 그림은 이제 바뀌어야 했다. 아마도 그들은 기껏해야 소규모 사냥을 했거나 아니면 맹수가 먹고 남은 사체를 먹어치우는 정도였을 것이다. 오스트랄로피테쿠스의 이빨을 자세히 들여다보면 육식동물의 이빨이라고는 도저히 생각할 수 없다.

1970년 클리포드 졸리(Clifford Jolly)는 '씨앗을 먹는 인간'이란 논문을 발표하여 육식과 두 발 걷기의 관계를 끊어버렸다. 그는 원시인의 어금니가 침팬지보다 더 평평하다는 사실을 알게 되었으며, 씨 같은 작은 물질을 으깨는 분쇄기 역할을 했을 것이라고 제안했다. 길고 날카로운 송곳니는 육식동물이나 부식동물(동물의 사체 따위를 먹이로 하는 동물 -

역자주)이 뼈에서 살코기를 뜯어낼 때 중요한 기능을 한다. 하지만 씨를 먹는 동물이 분쇄를 위해 이를 옆으로 가는 작용을 하는 데는 방해가 될 뿐이다. 졸리는 이것이 원시인의 송곳니가 아프리카 유인원에 비해 작은 이유라고 생각했다.

졸리는 두 발 걷기의 이유를 설명하기 위해 두 발로 걷는다고 생각한 겔라다개코원숭이의 먹는 모습을 예로 들었다. 이 원숭이는 사바나에 살며 주로 풀을 먹는다. 풀은 그다지 영양이 많지 않으므로 하루에 필요한 열량을 섭취하기 위해서는 부지런히 먹어야 한다. 그래서 어떤 초원에서 다른 초원으로 이동할 때 네 발로 걷기 위해 시간을 낭비하지 않는다. 두 손으로는 풀을 움켜잡고 계속 입으로 가져가면서 웅크린 자세로 발을 끌면서 움직인다. 졸리는 씨앗을 먹는 행위도 이와 같이 바쁜 손놀림이 요구되므로 두 발 이동이 자연스럽게 필요했을 것으로 추정했다.

채식주의 이론은 많은 관심을 받았지만 겔라다개코원숭이가 단지 상체만 곧추세운 자세로 움직이므로 반론의 여지가 있었다. 나무를 타는 긴팔원숭이나 도약하여 잡는 마다가스카르여우원숭이 등 대부분 원숭이는 상체만 세우고 움직인다. 이런 식으로는 습관적인 두 발 걷기가 매우 어렵다. 게다가 겔라다개코원숭이를 자세히 보면 먹을 때 엉덩이까지 지면에 닿아 사실상 세 발 걷기에 가깝다는 사실을 알 수 있다.

두 발로 걷는 유인원 모델을 찾기는 매우 힘들다. 아무리 인내심을 갖고 달래가며 유인원을 훈련시켜도 두 발로 걷는 것은 단지 짧은 시간일 뿐이다. 근육 움직임을 나타내는 전기신호 그래프와 영상장비와 같은 첨단기술의 도움을 받아 유인원의 걸음걸이를 분석하여, 침팬지와 고릴라는 야생상태에서 흥분하여 앞으로 치고 나갈 때 자주 두 발로 일어선다는 사실을 알게 되었다. 따라서 두 발 걷기가 인간에게는 습관적인 반면 유인원에게는 단지 일시적이라는 차이점이 있다고 결론을 지을 수 있다. 차

①개코원숭이, ②여우원숭이, ③긴팔원숭이

이점을 단지 지속 시간 정도의 문제로 국한시킨다면 정말 차이가 있는 것인가 하는 의문도 생긴다.

　　그러나 운동전문가들의 의견은 다르다. 시카고 일리노이대학교의 잭 프로스트(Jack Prost)는 침팬지의 두 발 걷기를 인간과 비교하면서 '그들의 팔다리 운동과 관절의 힘 전달은 우리와 아주 달라서, 걷는다고 해

4. 두 발로 걷게 된 이유 • 43

야 할지 의문스럽다. 굳이 걷는다고 표현한다면 우리 걸음의 원시적 형태라고 볼 수는 있다.'라고 썼다. 런던 가이(Guy) 의과대학 해부학자 데이(M. H. Day)는 알려진 운동 모형만으로는 답을 내기가 점점 더 어려울 것이므로, 더 많은 화석이 발견될 때까지 기다려야 할 것이라고 말했다.

1981년 오웬 러브조이(C. Owen Lovejoy)의 새로운 이론이 '인간의 기원'이라는 논문으로 발표되었다. 그는 초기 인류의 음식이 육식인지 채식인지 하는 논쟁에는 끼어들지 않았다. 이론의 핵심은 음식 종류가 아니고 그들이 음식을 발견했을 때 어떻게 행동했느냐는 문제였다. 대부분의 영장류는 먹이를 발견했을 때 그냥 먹어치우지만 예외는 있다.

때때로 유인원은 먹이를 들고 다른 곳으로 나르기도 한다. 특히 암컷의 경우는 먹이를 뺏길까 두려워하면서 다른 곳으로 옮기는 경우가 많다. 게를 잡아먹는 일본 짧은꼬리원숭이는 해안에서 잡은 먹이를 먼저 물로 가져가 모래를 씻어낸다. 먹이가 크거나 모양이 이상해서 한 손으로 들기 어려울 경우에는 두 손으로 날라야 하므로 두 발로 걸을 수밖에 없다.

그러나 이런 경우는 일시적이어서 종의 일반적인 행동 양식이나 진화에 영향을 주지 못한다. 어떤 동물이 야생에서 먹이를 멀리 나르는 유일한 이유는 바로 먹이를 다른 동물에게 전달하기 위해서다. 물수리는 둥지로 물고기를 나른다. 늑대는 새끼를 낳은 암컷에게 고기를 가져간다. 러브조이는 두 발 걷기의 기원이 먹이 자체보다 먹이를 재생산하는 방식에 있다고 보았다.

돈 요한슨은 루시와 하다르 화석이 인류 기원에 관한 이론과 어떤 연관이 있는지 러브조이에게 의견을 구했다. 요한슨이 전한 바에 따르면 '우리는 두 발 걷기가 언제 어디서 시작했는가에 대해 의견을 주고받았다. 그러나 왜 두 발로 걸었느냐는 전혀 별개의 문제였다.' 러브조이의 의견은 매우 뜻밖이었다. 왜 유인원이 아닌 인류가 두 발로 걸었느냐는 질문에 러브조이는 다음과 같이 대답했다. '이는 성적인 문제 때문이 아닐까요?'

러브조이의 최종 논문에는 하나의 새로운 이론과 기존 이론의 수정본이 포함되었다.

새로운 이론은 두 발 걷기가 사바나가 아니라 숲에서 진화했다는 것이었다. 비틀거리며 불완전한 보행을 하던 어떤 초기 인류도 감히 사바나로 가서 더 잘 걷는 법을 배우려 하지는 않았을 것이다. 따라서 러브조이는 사바나 이론이 불합리하다고 생각했다. '만약 사바나에서 두 발로 걸었다면 살아남기 힘들었을 것이다. 그러므로 이런 경우는 절대 일어나지 않았을 것이다.' 따라서 그는 사바나가 아니라면 당연히 숲일 것이라고 생각했다.

기존 이론이란 초기 인류 암수가 한 쌍을 이루었을 것이라는 성적인 개념이다. 사냥 이론에서 가장 인기 있는 설명은 수컷이 밖으로 나가 집에 있는 암컷에게 먹이를 날라주는 것이다. 마치 직장에 다니는 남편과 가정주부 관계의 야생 버전으로 보인다. 두 발 걷기가 사냥보다 훨씬 먼저 시작되었으므로 러브조이는 암수관계가 가장 먼저 생겼을 것으로 상황을 재설정하였다. 초기 인류가 숲에서 짝을 이룬 후 가족에게 채취한 채소를 옮기는 과정에서 점차 두 발 걷기에 익숙해졌다는 것이다. 이런 과정을 통해 초기 인류는 나중에 사바나로 옮겨 갔을 때 더 잘 걸을 수 있게 되었으며, 결과적으로 사바나에서 육식 먹이를 식단에 추가하게 되었을 것이다.

이는 러브조이의 복잡한 과학 논문을 아주 간략하게 서술한 것이다. 우리가 인류 조상이 암수 한 쌍의 관계를 이룬 사건을 인정한다 하더라도 몇 가지 기본적인 의문점은 남는다.

그 첫 번째는 수컷 영장류가 설령 한 쌍을 이루었다 해도 결코 암컷에게 먹이를 날라다 주지는 않는다는 것이다. 유일하게 암수관계를 유지하는 긴팔원숭이는 먹이를 갖다 주기보다는 오히려 다 자란 새끼를 포함해서 자신의 지위를 위협할 수 있는 잠재적 경쟁자들을 쫓아냄으로써 암수관계를 돈독히 한다. 러브조이는 유인원의 관계 설정이 매우 다양하다고 주장하며, 부모가 자식을 돌보는 명주원숭이가 더 많은 새끼를 갖게 되는 사례를 들고 있다. (명주원숭이는 보통 쌍둥이 새끼를 낳는다.)

그러나 문제는 새끼를 먹이기 위해 돌보는 것이 아니라, 암컷이 직접 먹이를 찾아 나간 다음 다시 돌아와 새끼에게 젖을 물릴 때까지 수컷이 새끼를 대신 지켜준다는 것이다. 고릴라도 암컷과 새끼들에게 먹이를 갖다 주지 않는다. 암소가 새끼에게 풀을 물어다 주지 않는 것과 같다. 새끼는 젖을 떼자마자 바로 주위에 있는 먹이를 직접 찾아 먹어야 한다.

또 다른 문제는 유인원이 지상에서 뭔가를 나를 때 자동으로 두 발로 선다는 가정이다. 그래함 리차드(Graham Richards)는 1986년 출간한 논문에서 숲에서 평원으로 나오면서 연장을 만들고 조작하기 위해 양손을 자유롭게 사용하기 시작했다는 기존 이론에 도전하였다. 그는 자유로운 손이라는 명칭은 의미가 애매모호해서 마치 처음에는 노예 상태였거나 아니면 진정으로 해방되었다는 의미로 사람들에게 오해를 줄 수 있다고 주장했다.

실제로 침팬지나 고릴라가 걷는 방식을 보면, 필요할 때 언제든지 한 손을 쓸 수 있다.

1985년 시카고대학교 인류학과 러셀 터틀(Russell Tuttle)과 데이비드 왓츠(David Watts)는 루안다와 자이레의 마운틴고릴라를 1,700시간 동안 관찰하면서 연구하였다. 마운틴고릴라는 지상에 있는 시간 중 98%를 먹기 위해 앉거나 웅크린 자세로 보냈다. 먹이를 잡기 위해 손을 올리거나 뻗을 때 두 발보다 세 발을 사용하는 경우가 13배나 많았다. 사바나처럼 더 빨리 그리고 지속적으로 움직일 필요가 있는 곳에서는 두 발로 걸을 가능성이 훨씬 적다. 훔친 바나나를 쥐고 도망가는 침팬지는 세 발로 달아난다. 거적을 훔칠 때도 마찬가지로 거적을 끌면서 세 발로 달아난다. 두 팔을 써서 먹이를 가져가는 경우는 자연 상태에서는 매우 드물다. 일본 짧은꼬리원숭이에 대한 실험 결과에 의하면 한 무더기 감자를 보았을 때 두 팔을 사용하여 감자를 가득 껴안은 채 비틀거리며 은신처로 걸어가는 경우가 간혹 있었다. 그러나 아프리카에 사는 유인원에게는 이런 일이 거의 없으며, 특히 사바나에서는 거의 일어날 수 없는 일이다.

러브조이 이론의 가장 큰 약점은 암컷과 어린 것을 평원 한가운데 아무 보호대책 없이 놔둔 채 수컷이 먹이를 구하러 돌아다닌다는 생각이다. 이런 일은 유인원에게는 매우 위험하며 있을 수 없는 행동이다. 개코원숭이의 경우는 암컷과 어린 것을 항상 무리 속에 둔다. 또한 이동할 때는 수컷들이 곁에 바짝 붙어 보호하는 전략을 구사한다. 사냥 가설을 지지하는 사람들은 서식지로의 귀환 같은 이야기를 좋아하겠지만 유인원에게는

개코원숭이 무리

특별한 서식지가 없다. 서식지가 있다 해도 노출된 평원 같은 곳에서는 땅 속에 굴을 파지 않고서는 살아갈 수 없다.

햇볕 이론은 1970년 뉴만(R. W. Newman)이 제안하였고, 1984년 피터 휠러(Peter Wheeler)가 완성하였다. 섭식 습관이 수십 년 간 논쟁의 중심이었으나, 이 이론에서는 서식지 환경 문제로 다시 회귀하였다.

파타스원숭이의 주변 감시 이론에서도 자연 환경 문제가 주 접근방법이었다. 그러나 숲에 살던 동물이 평원으로 나갈 때는 천적에 대한 공포보다 더 시급한 문제가 있었다. 열대 아프리카에서는 나무 그늘만 벗어나면 아주 뜨겁다. 태양이 바로 머리 위에서 내리쬐는 한낮에는 더욱 심하다. 직접적으로 받는 햇볕은 상당한 스트레스를 일으키므로, 다른 조건이 같다면 자연선택은 가능한 햇볕을 덜 받는 방향으로 진화했을 것이다.

휠러의 실험 모델은 열대의 한낮에 네 발을 사용하는 유인원은 몸 표면적의 17%가 햇볕에 직접 노출된다는 사실을 보여주었다. 반면, 두 발로 서게 되면 단지 7%만 햇볕에 노출되어 열 흡수량이 반 이상 줄어든다는 것을 보여주었다. 이는 머리와 어깨에만 햇볕을 받기 때문이다. 따라서 유인원이 사바나에서 체온을 낮추려면 두 발로 서야 했다는 것이다. 또한 머리털은 열을 반사하여 피부로 전달되지 않도록 하는 방패 역할을 했다고 한다.

이 이론에서 언급하지 않은 한 가지는 유인원이 서기 위해서는 더 많은 근육에너지가 필요하고, 이로 인해 체온이 오히려 올라갈 수 있다는 점이다. 이는 두 발로 설 때 햇볕을 받는 면적의 축소에 의한 체온 강하 효과를 반감시킨다. 또 하나의 문제는 서는 자세가 한낮의 태양을 피하는 방법으로 완전하지 않다는 것이다. 포유동물이 햇볕 스트레스를 피하려면 차라리 시원한 그늘을 찾는 것이 가장 손쉬운 방법일 것이다.

그러나 가장 큰 약점은 사바나 이론에서 항상 제기되는 것과 동일하다. 즉 이런 해결책이 문제에 대한 가장 좋은 답안이라면, 왜 유일하게 인간만이 이 방법을 채택했느냐는 것이다.

이에 대한 대답은 그리 만족스럽지 못하다. 휠러는 사자, 얼룩말, 하이에나 등 대부분 사바나에 사는 동물들이 햇볕에 노출될 때 뇌가 다른 신체보다 더 낮은 온도를 유지할 수 있도록 하는 체계를 이미 갖추고 있다고 했다. 반면, 유인원은 대부분 진화과정을 숲 그늘에서 보냈으므로, 이런 보호 체계가 미처 완비되지 못했을 것이라고 주장한다.

그러나 숲에서 사바나로 이동한 많은 원숭이들, 즉 개코원숭이, 겔라다개코원숭이, 파타스원숭이, 긴꼬리원숭이 등이 두 발로 걷지 않고도 여전히 잘 살고 있는 것을 보면 이런 대답은 그리 설득력 있어 보이지 않는다. 일부 원숭이들은 한낮의 열기를 피해 다른 포유동물처럼 바위나 가시덤불의 그늘을 찾아 낮잠을 즐긴다. 또 다른 원숭이들은 한낮에도 먹이를 구하러 다니다가 아무 문제 없이 돌아온다. 가장 사바나에 잘 적응했다는 개코원숭이도 이동할 때는 전형적인 네 발 걷기가 훨씬 익숙해 보인다.

이제 남은 것은 수생(水生) 이론이다. 이 이론과 가장 밀접한 예는 코주부원숭이이다. 코주부원숭이는 선택이 아니라 필요에 의해 두 발 걷기를 자주 한다. 다큐멘터리 수상작인 '시아로(Siarau)'(패트릿지 영화사, 1984년)를 보면 한 무리의 코주부원숭이가 가슴까지 올라오는 물속에서 두 발로 걷는 장면을 생생하게 볼 수 있다. 맨 앞에서 길을 인도하는 원숭이는 새끼를 팔로 안고 있는 암컷으로 꺼안은 자세가 마치 아기를 안고 걷는 여성의 모습을 닮았다.

코주부원숭이는 보르네오의 연안습지 홍수림에 살고 있으므로, 나무에서 땅으로 내려온 원숭이라고는 말할 수 없다. 이들은 나무에서 내려오면 자주 바닷물과 접하게 되는데, 물이 깊으면 수영을 한다. 코주부원숭이는 수 km를 수영할 수 있을 정도로 아주 훌륭한 수영선수이다. 또 나무 꼭대기에서 바닷물로 다이빙을 하기도 한다. 그러나 물이 얕으면 물에서 걷기도 한다.

썰물 때에는 갯벌이나 모래톱 등 땅에서 지내기도 하는데, 이때는 이동할 때 네 발 또는 두 발을 사용한다. 그곳 어부들이 코주부원숭이들이 산책한다고 할 때는 두 발로 걷고 있음을 의미한다. 이 지역 특성 때문에 코주부원숭이가 야생의 땅에 있는 모습을 찍기가 매우 힘들다. 그러나 한 일본 카메라기자가 허벅지까지 빠지는 질퍽거리는 진흙에서 촬영에 성공하였다. 바로 이 사람이 일본 NHK의 '긴 코, 긴 꼬리'라는 다큐멘터리 영화를 만든 유이치 나카(Yuiche Naka)이다. 여기에서 우리는 코주부원숭이떼가 두 발로 걷는 모습을 꽤 오랫동안 볼 수 있다.

코주부원숭이가 두 발로 걷는 것과 아프리카 유인원이 두 발로 걷는 것은 큰 차이가 있다. 고릴라나 침팬지는 짧은 시간 동안 흥분하여 소리를 지르며 옆으로 돌진할 때 두 발로 걷는 경우가 많다. 고릴라 경우 대부분 과시와 위협 목적으로 이런 행동을 한다. 마치 인간이 춤을 동반한 전쟁 의식을 치를 때와 유사하다. 인간은 보통 소리를 내며 한 발로 서서 옆으로 돌아가며 춤을 춘다. 물론 그렇다고 해서 인간이 평소에 한 발로 걷는 경우는 없다. 이와는 대조적으로 일본 다큐멘터리 영화에 찍힌 야생 코주부원숭이는 물에서 걸을 때 배운 직립 보행 방식으로 나무 사이를 차분히 걸어간다.

서식지가 범람하면 두 발 걷기를 하지 않을 수 없다. 수심 수십 cm 되는 바닷물을 걸어가는 코주부원숭이가 네 발로 걷는다면 머리가 그만 물속에 잠기게 된다. 두 발 걷기를 해야 겨우 숨을 쉴 수 있다.

사바나 초원에서 두 발 걷기는 모든 불리한 점, 즉 불안한 균형, 골격,

 위키미디어

보르네오 코주부원숭이

근육, 혈액순환, 호르몬 체계의 붕괴 등을 가져와 즉시 심각한 영향을 줄 수 있다. 이를 해결하려면 장기적인 골격 변화와 새로운 근육 형성 등 수 세대에 걸친 적응을 통해 점차 완화하는 수밖에 없다. 또한 두 발 걷기의 유리한 점도 인류가 아직 초기 유인원 단계였을 시기에는 어떤 이익도 주지 못했을 것이다. 먼 후손에게나 가능한 일이다.

다른 말로 하면, 어색하고 힘들고 보상도 없는 행동을 꾸준히 해야 하는 수천 년 동안 부지런히 연습해야만 육상에서 두 발 걷기는 비로소 장점이 생길 수 있다.

수생기원 시나리오에서는 상황이 완전히 달라진다. 물로 덮인 지역을 두 발로 걷는 것은 선택이 아니라 필수다. 두 발로 선 자세는 걷는 것과 숨 쉬는 것을 동시에 할 수 있다. 그러므로 그런 행동에 대한 보상은 즉각적으로 나타난다. 두 발 걷기의 거의 모든 불리한 점은 물속에서는 경감

될 수 있다.

물속에서 고개를 내밀고 똑바로 선 자세는 척추에 무리를 주지 않는다. 요추에 무게가 가해지지 않으며 디스크가 수직 압력을 받지도 않는다. 무중력 상태의 우주인은 우주 공간으로 간 첫날 키가 수 cm 늘어난다. 물속은 지구상에서 무중력 상태에 가장 가까운 공간이다.

물속에서 두 발로 걷게 되면 땅에서처럼 넘어져 상처가 날 염려가 줄어든다. 피가 두 발로 쏠려 정맥이 부풀 위험도 거의 없다.

물속에서 두 발로 서면 알도스테론의 분비가 염분 유출을 막거나 고혈압을 일으키지 않는다. 오히려 심장의 수축과 이완 혈압을 현저히 신속하게 떨어뜨려 준다. 또한 배뇨할 때 염분이 배설되도록 도와준다. 이런 효과는 아주 뚜렷해서 신장증후군이 있는 어린이나 늦은 나이에 임신중독 증세를 보이는 여성처럼 고혈압과 나트륨 불균형으로 고생하는 환자들의 증세를 완화시켜 주는 데 도움을 준다. 어떤 여성들은 전통적인 약물치료법에 부작용을 나타내는 경우가 있다. 이때 지속적인 수중 요법을 쓰면 약물 섭취량을 줄일 수 있다.

물은 이와 같이 두 발 걷기의 초심자에게 어쩔 수 없이 발생하는 불편한 물리적 현상을 즉시 제거해줄 수 있는 유일한 환경 요소이다.

수생이론에 대해 초기에는 유인원이 물을 싫어하는 성질이 있기 때문에 이들이 바다로 갔다는 사실을 믿을 수 없다는 반응이었다. 사실은 유인원이 바다로 간 게 아니라 바다가 그들에게 왔다고 해야 더 사실에 부합한다. 하다르 지역은 유인원과 인류가 분화된 시점이었을 때 지구상에서 지질학적으로 가장 불안정한 지역 중 한 곳이었다.

다윈이『종의 기원』을 출판하기 약 20년 전 유명한 지질학자 찰스 라이엘(Charles Lyell)경이『지질학의 원리(Principles of Geology)』라는 고전 3권을 1830년에서 1835년 사이에 출간했다. 라이엘은 다윈의 친구였다. 지구 역사에 대한 그의 생각은 다윈이 생명 진화에 대한 이론을 세우는 데 기초가 되었다.

라이엘은 평야에 산이 생기고, 바다였던 곳이 땅이 되고, 산봉우리가 깎이고, 대양에 새로운 섬이 생기고, 바위가 침식되어 모래가 되는 등 지구를 끊임없이 변화하는 행성으로 묘사했다. 그는 이러한 변화가 자연에서 지금도 일어나고 있다고 생각했다. 다만 그 변화가 너무 느려 인지할 수 없을 뿐이라는 것이다. 라이엘의 지질학은 세계가 창조된 후 단지 수천 년 지났을 뿐이라는 교회의 가르침을 폐기하는 중요한 계기가 되었다. 그는 우리에게 과거 수백만 년에 걸친 점진적 변화라는 지질학적 연대 감각을 알려주었다. 다윈은 이러한 시간 감각을 자신의 이론에 적용하였다.

한 생물이 사는 곳의 지질학, 지리학, 기후 등을 고려하지 않고 생물의 진화 과정을 이해하기는 불가능하다. 이러한 요소들은 생물종이 사는 범위를 물과 흙으로 이루어진 얇은 지표면으로 제한한다. 우리는 이곳을 생물권이라 부른다. 생물권은 모든 생물을 구성하는 화학 원소를 제공하며, 생존 온도범위를 결정해 준다.

지구의 자전축이 태양에 경사져 있지 않았다면 낙엽이나 겨울잠을 유발하는 계절 변화가 생길 수 없었기 때문에 떡갈나무나 겨울잠쥐가 생기지 않았을 것이다. 지구 주위를 공전하는 달이 없었다면 조석간만의 차로 생기는 갯벌이 없었을 것이고, 그곳에 사는 생물도 존재하지 않았을 것이다.

그러나 진화에 관한 대부분 생각은 이러한 역동적인 지구를 진화의 한 요소로 고려하는 데 인색한 경향을 보이며, 지구 대신 그곳에 사는 생물의 힘으로 바꾸어놓는다. 예를 들어 3억5천만 년 전 진화과정의 획기적인 사건인 등뼈가 있는 물고기의 육상 진출을 열망과 정복의 개념으로 묘사한다. 마치 존 헌트(John Hunt)가 에베레스트 산이 거기 있어서 올라갔다고 하는 얘기와 흡사하다.

그런 일은 있을 수 없다. 물고기가 물 밖으로 나와 처음 수백 세대에 걸쳐 발생하는 고통과 위험을 능가할 수 있는 유리한 점은 하나도 없다. 호수와 물웅덩이가 줄어들거나 말라버리고, 강물이 방향을 바꾸고, 땅이 바다 밑으로 가라앉고, 하구가 퇴적되는 등의 현상은 지구가 정적이 아니기 때문에 발생한다. 오늘날 열대지방에 사는 작은 망둑어처럼 썰물 때나 건기에 잠시 동안 꼼짝 못하고 갇힌 상태에서 첫 육상 척추동물이 나올 수 있는 것이다. 육상을 점령하려고 자신이 살던 서식지에서 당당히 나온 것이 아니다. 그들은 항상 있던 자리에 그대로 있었고 다만 지구가 변한 것이다.

라이엘 이후로 우리는 꿈도 꾸지 못했던 지각 운동이라는 현상을 알게 되었다. 그는 대륙이 치솟아 오르고 뒤틀리고 압력을 받거나 분쇄되고 빙하로 쪼개지거나 화산 용암으로 녹거나 하는 지구 구조에 대한 개념을 우리에게 알려주었다. 그렇지만 그는 대륙이 지각 형성 초기의 위치를 그대로 고수한다고 생각했다.

1912년 알프레드 베게너(Alfred Wegener)는 인접한 대륙이 각기 다른 방향으로 갈라져 대양저 위를 수평으로 움직인다는 대륙이동설에 대한 논문 2편을 발표했다. 아울러 그는 지질학적 자료, 중력 측정치, 원시기후 자료, 오늘날 대륙에서 발견되는 동식물 화석의 이상 편재 분포 등 많은 증거를 제시했다.

물리학자인 로렌스 브래그(W. Lawrence Bragg)는 베게너 이론을 논의하기 위한 첫 회의를 영국 맨체스터에서 열었을 때, 그 반응에 적잖이 당황했다. 그 지방의 지질학자들은 화가 나서 대륙이동설을 조롱하는 막무가내 말을 쏟아내었다. 베게너에 반대하는 사람들은 그가 제시한 증거를 거들떠보지도 않고 어떤 대안도 제시하려 하지 않았다.

이들은 대륙이동이 어떻게 일어나는지 도대체 이해할 수 없다고 하였다. 자신들이 이해할 수 없는 것은 존재하지도 않는다는 얘기였다. 이들은 가능하지 않은 이론적 증거를 내세웠다. 베게너를 변호하는 사람들은 마치 이류극장의 희극에서나 들을 수 있는 야유를 받았다. 베게너는 이런 분위기가 최고조인 상황에서 1930년 그린란드 원정 중 사망했다. 그의 학설에 대한 여론이 호의적으로 바뀌고 이단이 아닌 정통으로 인정받기까지는 약 30년의 세월이 걸렸다.

베게너의 대륙이동설은 인류 기원을 풀어나가는 데 특히 잘 들어맞는다. 북동아프리카는 세 개의 지각이 만나는 아주 특이한 지질구조이다. 한 지각 선은 북쪽으로 450km를 가며 와디 아카바(Wadi Aqaba)-사해-요르단 지구대를 형성한다. 다른 한 선은 동쪽으로 960km를 가며 아덴만을 형성한다. 마지막 세 번째 선은 남쪽으로 아프리카 지구대 전체를 형성하며 천백만 년 간 지속된 화산활동을 보여준다.

이러한 지각의 힘이 에티오피아 아파르 지역에 집중되었다. 루시의 학명은 이 지역 이름을 따서 오스트랄로피테쿠스 아파렌시스(*Australopithecus afarensis*)로 지어졌다. 이 지역은 화석 연구자뿐만 아니라 구조지질학자, 화산학자, 지질학자의 메카가 되었으며, 이곳에서 많은 훌륭한 발견이 이루어졌다.

지질학자에 의해 수집된 정보도 화석 연구자의 정보만큼이나 많은 흥분과 논쟁을 불러 일으켰다. 이 지역의 옛 이름 아파르(Afar)를 되살린 지질학자 폴 모어(Paul Mohr)는 발견 내용과 해석에 대한 논쟁을 종합하여 '아파르'라는 제목의 논문을 발표했다.

그는 몇 가지 관점에서 새로운 자료에 대해 이견이 있음을 인정했다. 그러나 우리가 여기서 다룰 한 가지 점에 대해서는 의견이 일치했음을 분명히 했다. 그는 '7백만 년 전 마이오세 후기에 북쪽 아파르에 해양분지가 형성되었으며, 약 7만 년 전 바다 후미진 곳에 소금 평원(Salt Plain)이

고립되어 건조될 때까지 이런 상황이 지속되었다는 점에 대체적인 의견 일치를 보았다(CNR-CNRS 팀, 1973).'고 말했다.

아파르 지역은 한때 바다였으나, 그 이후로는 더 이상 바다가 된 적이 없다. 충돌하는 지각 운동이 아파르해(海)를 대양으로부터 고립시키고 나서, 수백만 년 동안 증발이 계속되었다. 지구대의 북쪽 끝에 있는 이스라엘의 사해에서도 비슷한 현상이 일어나 염분이 높아지고 나중에는 소금 평원만 남게 되었다. 아파르 분지는 현재 세계에서 가장 더운 곳 중 하나로 대부분이 건너가기 힘든 사막이다. 소금 퇴적층의 깊이는 수백 m에 달한다. 이곳 거주민들은 여기서 나온 소금을 멀리 떨어진 도시에 가져다 팔기도 한다.

소금 평원의 동쪽 끝에 다나킬 알프스(Danakil Alps)라는 고원이 있다. 지리적으로 융기대로 볼 수 있는데 지각 중 한 조각이 판에서 떨어져 나와 서쪽으로 내려앉은 것이다. 다나킬은 고대 아파르해에 잠긴 적이 없었다. 지질학자들은 암석 조각으로부터 바닷물이 어느 높이까지 올라왔는지 정확히 알 수 있다. 그 고원의 식생은 섬이 본토에서 떨어져 나올 때 흔히 그랬던 것처럼 소금 평야 서쪽 부분과는 많이 달라졌다.

분자생물학자들이 유인원과 인간이 분화되었다고 보는 시대쯤에 이런 일들이 일어났다. 또 그 지역은 초기 인류 화석이 발견된 지역과도 가깝다. 여기는 위도가 서부 아프리카로부터 대륙을 가로질러 아시아에 이르는 예로부터 대규모 산림지대에 속한다. 지질학적 변동에 영향을 받은 이 지역에서 유인원들은 과거에 크게 번성했고 또 지금도 번성하고 있다.

이 때문에 일부 유인원이 주변 환경이 급격하게 변한 지역에 있을 수밖에 없었을 가능성이 충분하다. 지금은 광활한 소금 평원 아래 놓여 있는 대지를 따라 바다가 침범해 들어와 일부 유인원이 여타 유인원으로부터 고립되었을 가능성이 있다. 미국 워싱턴 소재 해군연구소의 레온 라루

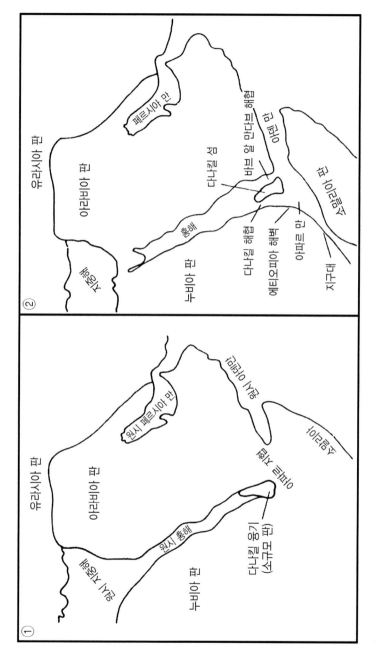

① 그림① 지역의 마이오세 초기 상황
② 그 후기 마이오세 시기의 아프리카 대륙 누비아 판과 아라비아 판의 관계(*①~④는 미국 워싱턴DC 해군연구소의 고 Leon P. LaLumiere, Jr. 이론에 근거.)

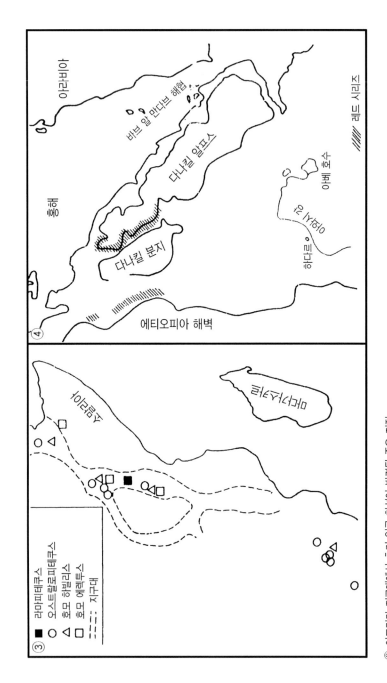

④ 아프리카 지구대에서 초기 인류 화석이 발견된 주요 지점

③ 이 가설이 옳다면 초기 인류 화석이 나올 수 있는 제3기 퇴적층이 위치(일명 '레드 시리즈')

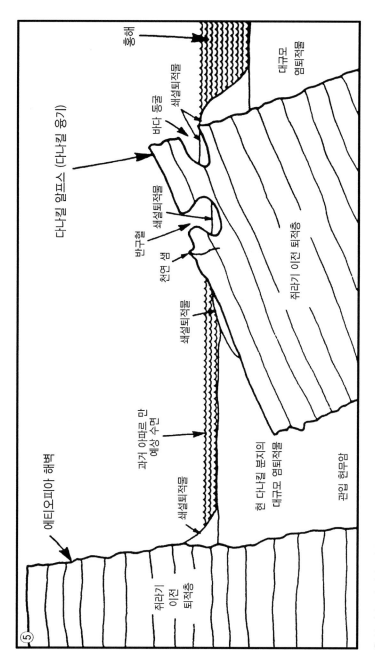

⑤ 북 아파르와 에티오피아를 북–북서방향으로 자른 단면(Hutchinson and Engels(1970, 1972) 자료. 쇄설퇴적물은 각각 시대가 다르며 후기 마이오세에서 현재에 걸쳐 있음. 가상도는 정확한 비율이 아님.)

미에(Leon P. LaLumiere)는 다나킬이 바로 그런 지역일 수 있다고 처음으로 언급했다.

이런 형태의 지리적 분리는 빠른 진화적 변화를 초래하는 이상적 조건이 될 수 있다. 1963년 에른스트 마이어(Ernst Mayr)는 고전적인 책 『동물 종과 진화(Animal Species and Evolution)』에서 종 분화의 가장 공통된 원인으로 지리적 분리를 지목하였다. 그는 다음과 같이 언급했다. '지리적 종 분화는 동물의 거의 유일한 종 분화 방식이며, 식물의 경우에도 가장 지배적인 방식이다. 지리적 종 분화 이론은 진화생물학의 가장 중요한 이론 중 하나이다.'

때론 같은 서식지에 살지만 종의 일부가 다른 생태학적 지위를 가지는 곳에서는 동지역 종분화(sympatric speciation, 지리적으로 격리되지 않은 동일 분포 지역 내에서 일어나는 종 분화 – 역자주)가 일어나기도 한다. 그러나 우리 인류의 기원을 설명하는 이론으로 동지역 종분화를 지지하는 사람은 없다.

사바나 이론도 지리적 격리가 일어났다는 데는 동의하나 유인원이 나무숲에서 사바나 초원으로 자발적으로 이동한 것이 유인원과 인간의 종분화를 일으키는 데 충분하다고 주장한다. 이론상 그럴 수 있으나, 종 분화를 일으키는 데는 훨씬 더 많은 시간이 필요하다. 초기에는 지리적 격리가 부분적이고 간헐적이었을 것이다. 평원으로 나간 유인원은 때때로 그늘과 은닉처를 찾아 나무숲으로 다시 돌아왔고, 아직도 나무숲에 남아 거의 밖으로 나가지 않던 다른 유인원들과 만났을 것이다. 그러한 만남을 통해 교배가 이루어지고, 유전자가 공통의 유전자풀(gene pool, 어떤 생물집단 속에 있는 유전정보의 총량 – 역자주)에서 다시 섞였을 것이다. 사바나 이론은 점진적 종 분화를 위해 천오백만 년에서 이천만 년에 이르는 시간이 걸렸다고 생각한 과거에는 가능한 것처럼 보였다.

완벽하게 격리될수록 변화는 더욱 빠르다. 밀러(R. R. Miller)는 50년대와 60년대 북미 서부 사막의 민물 샘과 지류에서 어류 종 분화를 연구하였다. 그는 소규모 고립된 민물에 사는 어류가 대양에 사는 어류보다 종 분화가 천배나 빠르다는 사실을 발견하였다.

수생이론은 화석이 발견되지 않고 있는 기간 동안 우리 조상이 물에서 생활했다 하더라도 사람과 유인원이 분화하기에는 너무 짧은 시간이라는 점에서 비판받았다. 그러나 시간은 수생이론의 편이었다. 진짜 빠른 종 분화에는 더 완벽한 격리와 함께 사바나 이론보다 더 급격한 환경 변화가 필요했다.

수생유인원이 살았던 환경을 정확히 알아내기는 어렵다. 지금은 우리가 물과 땅의 경계선을 분명한 선으로 구분하는 지도를 만들고 있다. 또한 소택지의 물을 빼거나 습지를 마리나로 바꿈으로써 물과 땅을 분리하고 있다. 그러나 자연은 그처럼 분명하게 구분되지 않는다. 오늘날에도 전 세계에는 플로리다의 에버글레이즈(Everglades)나 갠지스 강 삼각주의 습지대, 동인도제도의 맹그로브 늪지대, 보츠와나의 오카방고(Okavango)와 같이 물이나 땅 중 어느 하나로 정의하기 어려운 지역이 많다. 총면적이 영국 면적과 같은 아마존도 산림지대이지만 매년 6개월 이상은 물에 잠겨 있어 물고기와 돌고래가 나무 꼭대기 주위를 헤엄치며 사는 곳이다.

수생환경에서 살던 유인원에게 무슨 일이 일어났는지 알고자 한다면, 사람보다 논쟁이 덜한 유인원 한 종을 예로 들 수 있다. 바로 오레오피테쿠스(*Oreopithecus*)라는 유인원으로 우리 조상도 아니고 오래 전에 멸종한 종이다. 이 유인원 뼈화석들이 진흙 속에 잘 보존된 상태로 많이 발견되어 늪 유인원이라는 별명을 얻었다. 이태리에서 발견된 골격은 거의 완전한 것이었다. 이 유인원들이 우리의 초기 조상이 아닌가 하는 상상을 한때 뜨겁게 불러일으키기도 했다. 열정적인 고생물학자 휘즐러(J. Hürzeler)

는 인류(*Homo*)와 오레오피테쿠스 골격 사이에 유사점을 18군데나 찾아 냈다고 주장했다.

오레오피테쿠스가 인류의 계통도에서 사라진 이후 이 종에 대한 관심 은 식었다. 지금은 늪지대에 살던 유인원과 인류 사이의 유사점은 밀접한 유전적 관계 때문이 아닌 것으로 알려지고 있다. 우리가 우연성을 배제한 다면 수렴진화(convergent evolution, 계통적으로 다른 조상에서 유래 한 생물이 유사한 환경에 적응하여 진화한 결과 비슷한 기능 또는 구조를 갖는 현상 – 역자주)가 유일한 대안 설명이 될 수 있다. 수렴진화는 지구 반대편에 살고 있으나 유사한 환경에서 비슷한 방식으로 사는 두 종이 유 전적으로 아무 관계가 없어도 서로 비슷해지는 현상이다.

인간과 오레오피테쿠스의 연관성을 설명하는 수렴진화설은 시사하는 바가 있다. 오레오피테쿠스의 특징 중 하나가 골반이기 때문이다. 짧은 엉덩뼈는 대부분의 수생 포유류, 그리고 인간 또는 인간의 초기 조상의 공통된 특징이다. 이는 오레오피테쿠스가 늪지대에서 살면서 수영을 아 주 잘 했든지 또는 두 발로 걸었든지 했다는 좋은 증거가 된다.

5. 털 없는 피부는 왜 불리한가?

'현존하는 원숭이와 유인원 193종 중 192종은 피부가 털로 덮여 있다. 다만 1종 즉 인간만이 털이 없다. 동물학자들은 이제 비교해보아야 한다. 어디에 이처럼 뚜렷하게 털 없는 경우가 또 있는지?'

데스몬드 모리스(Desmond Morris)

우리가 보아온 것처럼 다윈은 진화론의 기본 골격 안에서 인간의 두 발 걷기가 충분히 가능하다고 믿었다. 즉, 우리 조상이 적자생존을 위해 두 발로 걷기 시작했다는 것이다. 그러나 인간이 털이 없는 것은 또 다른 문제였다. 다윈은 이에 대해 어떤 환상도 갖지 않았다.

다윈은 1859년 출간된 저서『종의 기원』에서 자연선택이 어떻게 일어나는가에 대한 풍부한 사례를 제시하였다. 그러나 인간에 대해서는 별로 언급하지 않았다. 그는 진화론이 미래 연구의 새로운 지평을 열 것이라는 자신의 믿음을 표명하였다. 하지만 인류에 대해서만은 '더 밝은 빛이 인류의 기원과 역사를 비출 것'이라는 짧은 언급으로 대신하였다.

이러한 과묵성은 그에 대한 적대감을 최소화하려는 동기에서 나온 신중함이었을 것이다. 이것이 그의 희망이었다면 이 희망은 여지없이 무너졌고 그도 실제로 기대하지는 않았을 것이다. 유명한 1860년 옥스퍼드 논쟁에서 진행되었던 모든 열띤 토론은 이 이론의 전반적인 내용을 다룬 것이 아니었다. 단지 이 책에 누락되었던 주제인 인간과 유인원과의 관계를 중심으로 논쟁을 벌였다.

다윈이 인간에 대한 언급을 생략한 데는 또 다른 이유가 있었을지 모른다. 아마 그가 인간 진화에 대해 아직 이해하지 못한 것이 있어서 이를 설명하는 데 미처 준비가 덜 되었을 수 있다. 예를 들어 유인원의 털이 없어지는 게 생존에 더 적합한지에 대한 확신을 가질 수 없었을 것이다. 그는 아마 이렇게 말해야 했을지 모른다.

'인간에게 털이 없는 것은 특히 열대우림기후에서 뜨거운 태양, 갑작스러운 추위 등에 고스란히 노출되는 것을 의미한다. 이는 인간에게 불편하고 해를 끼칠 수 있다. 피부에 털이 없는 게 인간에게 어떤 직접적 이익이 있다고는 생각할 수 없다. 자연선택을 통해 몸에 있던 털을 잃는다는 것은 도저히 있을 수 없는 일이다.'

현대 진화학자 중 일부는 다윈보다 더 다윈주의적이다. 그러나 그들 대부분이 이와 같은 이야기를 받아들이지 않는 것은 참으로 놀라운 일이다. 그들은 인간이 사바나에서 진화했으며 여기서 몸의 털이 없어졌다고 굳게 믿는다. 따라서 그들은 사바나 환경에서 살아남도록 효율적으로 적응하기 위해서는 털이 없는 게 더 유리했을 것이라는 결론을 내리고 있다.

실제로 인간이 털이 없는 것에 대한 당시 이론은 뜨거운 사바나와 과열된 유인원이라는 개념에서 출발했다. 이는 사바나 환경에 대해 너무 도식화된 개념이 아닐 수 없다. 사바나는 낮에는 더운 게 사실이지만 밤에는 온도가 11℃까지 떨어진다. 그러나 토착 생물은 여기서 하루 24시간을 보내야 한다.

1989년 BBC의 방송인들이 사바나에서 온종일을 보내며 당일 방송 프로그램 중간 중간에 야생의 생생한 화면을 전달하는 특집 방송을 한 적이 있다. 누(wildbeest, 아프리카에 사는 소를 닮은 영양 – 역자주) 떼와 사자, 코끼리의 멋진 화면들이 송출되었지만 어떤 의미에서 가장 인상적이었던 것은 몇몇 방송인들이 이를 덜덜 떨며 머리끝까지 모포를 쓰고 있는 마지막 장면이었다. 한 시청자는 이 장면을 '날씨가 바뀌고 어두워졌으며, 줄리안 페티퍼씨는 추워 죽을 지경이었다.'고 표현했다. 이럴 때 페티퍼씨에게 우리 조상이 이런 상황에 더 잘 적응하기 위해 털을 벗어버렸다고 얘기한다면 그가 어떤 반응을 보였을까?

우리가 털을 가졌다면 밤의 추위뿐만 아니라 낮의 더위도 더 잘 견딜 수 있다. 사막에 사는 동물들은 모두 털을 가지고 있다. 더운 나라에서 양의 등에 난 털을 조금이라도 깎아주면 체온이 바로 올라가고 헐떡거림도 심해진다. 베두인족처럼 사막에 사는 사람들은 햇볕이 내리쪼이는 곳으로 나갈 때 몸과 머리를 다 감싸는 것을 볼 수 있다. 이는 북쪽 추운지방에 사는 사람들이 바람 불 때 옷을 꺼입는 것과 마찬가지다. 두 경우 모두 우리가 잃어버린 자연적인 보호 수단인 털을 보완하기 위한 방법이다.

털이나 깃털로 몸을 보호하는 것은 온혈동물이 수억 년 전에 나타나 그 당시 지배 종이었던 파충류를 대신하면서부터 생긴 자연적인 현상이다.

털로 몸을 보호함으로써 얻을 수 있는 유리한 점 중 하나는 털의 두께를 필요할 때마다 조절할 수 있다는 것이다. 피부에는 털을 세울 수 있는 근육이 연결되어 있다. 이 때문에 물새는 온도가 떨어질 때 깃털을 부풀릴 수 있고, 동물은 추위나 위험이 닥쳤을 때 털을 세울 수 있으며, 개나 고양이는 적을 만났을 때 더 크게 보여 위협을 주기 위해, 등의 털을 곧추세울 수 있다.

인간은 아직도 털을 세울 수 있는 좋은 근육을 갖고 있으나, 그 기능이 우스울 정도로 거의 없어지고 말았다. 흔적만 남은 털이 피부 표면과 유기적으로 연결되지 못해, 할 수 있는 일이라곤 소름을 돋게 하는 것이 고작이다. 우리는 추울 때 있지도 않은 털을 부풀리려는 무의식적 본능으로 소름이 돋는다. 우리가 놀랐을 때 두뇌는 원시 기억을 되살려 적을 겁주기 위한 목적으로 털을 곧추세우려 한다.

털은 포유류를 상처, 긁힘, 해충, 가시 등으로부터 보호하는 1차 방어수단이다. 이 방어막을 부분적으로 대치하기 위한 수단으로 아마도 우리 피부는 가까운 친척인 유인원보다 더 두꺼워졌을 것이다. 그러나 동시에 인간 피부에는 혈관과 말초신경도 많아졌다. 이로써 우리는 작은 상처만으로도 유인원보다 피를 많이 흘리고 고통도 더 심해졌다.

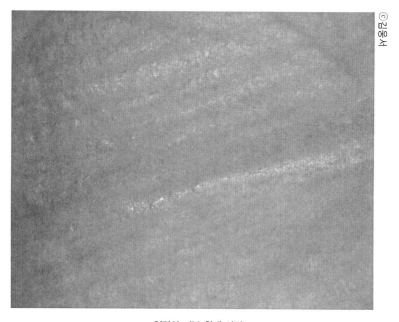

ⓒ김웅서

인간의 피부 확대 사진

털 없는 피부의 또 하나 불리한 점이 요즈음 주목을 많이 받고 있다. 바로 밝은 색 피부를 가진 인종이 자외선에 과다 노출될 때 발생하는 피부암의 위험이다. 대부분 포유류는 털 없는 부위를 빼고는 이러한 위험이 없다. 예를 들어 말은 꼬리 밑의 털 없는 부분에서 간혹 흑색종양이 발견되곤 한다.

자외선 노출로 발생하는 악영향 중 가장 심각한 것이 암이라고 할 수 있지만 또 다른 문제도 있다. 강한 햇빛에 노출되었을 때 밝은 색 피부의 사람들은 피부 샘의 기능이 일시적으로 정지되는 피해를 입을 수 있다. 대영제국 전성기에 인도 근무를 위해 영국을 처음 떠난 젊은이들은 백인이라는 이유로 땀띠와 같은 불쾌한 피부 증상이 나타나기가 더 쉽다는 사실을 알게 되었다.

털이 없어지는 대신 인간 피부는 자외선 위험에 대한 보조 방어 수단을 공들여 개발했다. 우리 피부의 가장 바깥쪽에는 그리스 말로 흑색이라는 뜻의 작은 거미 모양을 한 멜라닌 세포가 깔려 있다. 이 세포는 자외선에 노출될 때 멜라닌을 생성하여 주위 피부세포에 전파한다. 이는 각 세포막의 피부 쪽에 작은 햇빛 가리개 보호막을 형성한다. 따라서 피부색이 어두워져 해로운 자외선을 흡수하는 역할을 한다. 흑인은 이 보호막이 영구적이다.

유인원 피부에도 멜라닌이 약간 있지만, 그 존재 이유는 불명확하다. 유인원은 대부분 그늘진 곳에 살고, 몸이 털로 덮여 있으므로 햇빛에 대한 보호 장치가 거의 필요없다. 피부색이 생존 기회에 영향을 주지 않으므로 자연선택과도 관계없다. 따라서 피부색은 종에 따라 심지어 각 개체에 따라 자주 변한다. 셀레베스원숭이는 태어날 때는 피부가 검지만 나중에는 흰 피부로 변한다. 붉은털원숭이 피부는 푸른 점이 점점이 박힌 분홍빛을 띤다. 침팬지의 한 무리를 살펴보면 어두운 피부와 밝은 피부를 가진 개체가 섞여 있음을 알 수 있다.

신학이 과학을 지배하던 시대에도 학식 있는 사람들은 인간의 조상에 대해 관심을 가졌다. 그들이 가진 의문 중 하나는 아담의 피부색이 과연 어떠했느냐는 것이었다. 아담의 창조된 모습이 확실치 않아 만족스러운 답이 나오지 않았다. 그러나 성경을 해독하는 일을 했던 늙은 수도승들은 이를 무시하고 아담과 이브를 백인으로 묘사하는 작은 그림들을 그렸다.

몇몇 초기 진화학자들은 이 문제가 해결되었다고 생각했다. 그들은 아담이 이제는 필요 없는 존재이므로 우리 모두가 형제라는 성경의 평등주의 원칙도 같이 폐기할 수 있다고 생각했다. 따라서 인종이 원래 분리되어 처음부터 독립적으로 진화했다고 주장했다. 이 이론의 배후에는 우리 중 일부는 보다 더 상위의 유인원으로부터 진화했다는 무언의 확신이 숨어 있는 것 같다.

우리는 이제 모든 인종이 공통의 조상을 갖고 있음을 알고 있다. 또 우리의 공통 조상이 자외선으로부터의 보호가 가장 절실했던 아프리카에서 살았다는 사실도 충분히 믿고 있다.

이 사실은 지금까지 도전받아왔다. 피부 색소가 보호해 주는 위험은 보통 아이 출산이 끝나는 중년까지는 거의 문제가 되지 않는다. 따라서 피부암으로부터 보호받지 못하는 여성이라도 출산은 충분히 다른 여성만큼 가능하다는 것이다. 그러므로 피부 보호색이 자연선택에 의해 진화될 수 없다는 주장이었다. 이 주장은 틀린 것이다. 우리 유전자의 반은 아버지에게서 온다. 그리고 남자의 생식 능력은 여자처럼 일찍 끝나지 않는다. 남자가 만년의 병을 피하고 더 오래 살 수 있다면 후손을 확실히 더 늘릴 수 있다. 이런 연유로 아프리카 기후에서의 자연선택은 시간이 흐름에 따라 어두운 피부를 선호하게 되었을 것이다.

게다가 백인종은 그들 피부 안에 과거 조상 색소의 증거를 지니고 있다. 모든 사람은 인종에 관계없이 동일한 수의 멜라닌 색소를 갖고 있기 때문이다. 온대기후에서는 자외선이 위험을 초래할 정도로 세지 않다. 따라서 온대기후에 사는 사람의 멜라닌 색소는 실제 필요 이상으로 많다. 그러므로 이 색소는 할 일 없이 쉬고 있는 셈이다. 그러나 이 색소가 있다는 것 자체가 과거 유산의 잔재라고 할 수 있다.

인종 간 피부색의 문제는 어째서 흑인이 생겼는가가 아니라 어째서 그 일부가 나중에 피부색이 더 밝아졌느냐는 문제로 귀결된다. 이에 대한 가장 적절한 답은 이들이 아프리카로부터 기후가 더 춥고 구름이 많으며 겨울에 식량을 구하기 힘든 고위도지방으로 이주했기 때문이라는 것이다.

그들이 당시 당한 위험은 강한 햇빛이 아니라 비타민 D의 부족이었다. 식단에서 비타민 D의 부족은 더운 나라에서는 피부 세포가 이를 만들어 낼 수 있으므로 문제되지 않는다. 그러나 햇빛이 부족하면 식물이 엽록소로 녹말을 만들 수 없는 것처럼 피부도 비타민 D를 만들 수 없다. 북쪽 지방에서 가장 생존에 적합한 사람은 약한 햇빛을 피부에 되도록 많이 흡수하여 비타민 D를 잘 만들 수 있는 사람이다. 따라서 그런 사람은 멜라닌 색소의 활성화가 최소화된 창백한 피부를 가진 사람이 된다.

결과적으로 자연선택이 흑백 인종에게 모두 어려운 환경을 극복할 수 있게 도움을 준 것이다. 그러나 몸에 털이 없음으로 인해서 발생하는 악영향을 저감하는 완화책에 불과하다. 인간의 피부색이 어떤 특정 위도에 알맞게 진화할 때까지 많은 시간이 필요하다는 것도 여전히 문제로 남는다. 만약 우리가 한 곳에만 머무른다면 이는 단지 진화의 증거일 뿐이다. 하지만 요즘은 그렇지 못한 경우가 많아졌으므로 어려움이 생겼다.

예를 들어 인도에서 건강하게 살던 아시아 여성이 같은 식단으로 영국에 살게 되면 구루병을 얻을 수 있다. 열대의 강한 태양은 얇은 사리를 뚫고 들어가 피부에서 비타민 D를 생성할 수 있었지만, 영국 기후에서는 비타민 D가 모자랄 수 있기 때문이다.

반대로 온대지역에서 열대로 옮겨 가는 것은 더 치명적이다. 유럽인은 지구상의 모든 곳에 살고 있는데 최근에 와서야 그 악영향이 알려지고 있다.

서구세계에서 흑색종과 같은 피부암은 기록이 시작된 후 매 10년마다 2배로 증가하면서 발생 빈도가 현저히 높아지고 있다. 그 증가폭은 더운 나라에 사는 백인에게서 가장 높으며 켈트족에게서 특히 잘 나타나는 것으로 보인다.

흑인에게는 매우 드물며 백인 중에서도 적도에서 떨어진 거리에 따라 발생 빈도가 달라진다. 애리조나, 이스라엘, 하와이, 호주 등은 높고 영국은 전체 암의 1% 정도가 피부암인 반면, 호주 남동부의 뉴 사우스 웨일즈는 7%에 달한다. 요즘은 오존층 파괴가 증가폭을 더 크게 했다는 우려도 제기되고 있다.

'자연이 의도한 대로 벌거벗고'는 초기 누드주의 운동의 그럴듯한 표어였다. 그러나 자연의 원래 의도는 벌거벗은 게 아니라 털이 난 피부였다. 털 없는 유인원은 많은 문제에 직면하여 이를 해결하기 위해 시행착오를 거듭해온 것이다.

의사들은 햇빛에 노출된 피부의 위험성과 이것이 피부 노화 주름살을 늘리고 때로는 피부에 실핏줄 현상을 일으켜 미용에도 좋지 않다는 사실을 대중들에게 알리려 열심히 노력했다. 그러나 그리 성공하지는 못한 것 같다. 한 미국 조사에서 50% 이상의 답변자가 일광욕과 피부암의 관련성을 알고 있었다. 하지만 그들 중 2/3는 일광욕을 계속할 것이며 그것도 대부분 햇빛 차단제를 사용하지 않겠다고 하였다. 서구인은 햇빛에 탄 피부가 창백한 피부보다 건강하다고 믿고 싶어 한다. 심지어 탄 피부가 더 멋지고 섹시하며 지위의 상징이라는 코코 샤넬의 기만적인 선전을 받아들이고 있다.

소름과 같이 예전에 털이 있을 때의 신체적 잔재 현상은 우리에게 별 영향이 없고 결국에는 사라질 것이다. 그러나 더 신기한 현상으로 많은 사춘기 청소년에게 고민을 안겨주는 여드름과 번들번들한 피부를 만드는 피지선이 있다.

이 기름은 피지라 하는 지방질 때문이며 피지선은 모낭의 일부이다. 피지는 털을 타고나와 윤기를 흐르게 하고 방수효과를 갖게 한다. 클리그만(A. M. Kligman)은 이에 대한 연구에서 다음과 같이 말했다.

'피지선의 본래 목적은 피부가 아니라 털을 보호하기 위한 것이다. 그러나 인간의 털은 일부분만 제외하고 흔적만 남긴 채 모두 퇴화했으므로, 피지선도 그 기능이 없어졌다. 이는 미래가 아닌 과거의 살아 있는 화석이 되었다.'

그렇다면 우리 몸의 털이 거의 사라진 것처럼 피지선도 흔적만 남기고 사라지는 게 당연했을 것이다.

대신 피지선은 아직도 그 활동이 왕성하다. 우리의 가까운 친척인 아프리카 유인원은 피지선이 몸 전체에 퍼져 있으나 그 수가 적고 크기도 작다. 그러나 사람은 피지선 수도 많고 상대적으로 크며 특히 얼굴과 머리, 때로는 목과 상체에 넓게 퍼져 있다.

'인간 피지선의 역할'에 대한 미국의 한 조사 결과는 한 마디로 부정적이다. 피지는 피부 보습이나 유연성을 유지하는 데 거의 필요치 않다. 가장 부드러운 인간 피부는 아이들 피부인데 피지선은 사춘기가 되어야 활성화된다. 피지가 피부 박테리아를 죽이는 데 일부 도움이 된다고 생각한 적도 있으나 실상은 그렇지 않다. 사춘기부터 우리 피부는 피지를 생산하지만, 땀처럼 환경 자극에 반응하지 않고 항상 일정하게 지속된다.

기름방울이 피지선에서 피부로 방출되면 죽은 세포 편린과 섞이게 된다. 이것은 살아 있는 세포에 독성을 나타낸다. 사춘기 때 피지선이 여드름 부위에 속하는 얼굴, 가슴, 등에 빠른 속도로 활성화되면 모낭 샘이 피지와 세포 혼합물로 막힐 수 있다. 그러면 이곳에 들어간 세균이 자극적인 지방산을 생산하여 염증을 일으키고 낭종을 만든다. 뾰루지, 여드름과 같은 임상적 증상들이 얼굴과 기타 여드름 부위에 나타난다. 머리에서는 모낭이 막히기보다 피지의 과다 방출이 비듬과 같은 지루성 피부염을 일으킨다.

이런 불리한 상황은 주로 젊은이들에게 생기며, 남성 피지선이 더 크기 때문에 젊은 남성에게 특히 많이 발생한다. 피지선의 크기는 성호르몬의 영향을 받으므로 거세된 남성은 여드름이 생기지 않는다. 그러나 호르몬 균형을 통해 적당히 피지선 문제를 땜질하려는 치료법은 도리어 심각한 부작용을 일으킬 수 있다.

이 증상은 항생제로 약간 완화되지만, 완전한 치료는 나이가 드는 것을 기다릴 수밖에 없다. 시간이 지남에 따라 피부는 점차 정상화되어 피지는 별 탈 없이 피부로 스며 나온다. 이후로는 화장 효과가 줄어들며, 화장품 업계에서 번들거림을 없애야 한다고 선전하는 바로 그런 상황에 이르게 된다.

피지선 증상이 오래 지속되지 않고 다른 동물에게는 이런 일이 없다는 사실을 알게 되면 15세 청소년은 좀 위안을 받을지 모른다. 유인원 피부 전문가인 윌리엄 몬태냐(William Montagna)는 다음과 같이 말했다. '인간의 몸은 의미 없는 부속기관을 지닌 채 실수를 하고 있는 것처럼 보인다. 그러나 피지선은 무시해버리기에는 수도 너무 많고 대단히 활동적이다.'

인간 피부의 다른 예기치 못한 특성들도 있지만 하나는 분명하다. 다른 포유동물은 털을 벗어버리지 못했지만, 인간은 다른 모든 것은 그대로 둔 채 털만을 벗어버렸다는 것이다. 이는 두 발로 걷는 것만큼 또 그로 인한 영향이 지대한 만큼 혁명적 변화에 해당한다. 인간에게만 일어난 이 복잡한 변화는 어떤 거부할 수 없는 이유가 있지 않았다면 결코 진화하지 않았을 것이다.

6. 털이 없어진 이유

'물속에서는 털이 보온 기능을 제대로 하지 못하고 쇠퇴한다.'

소콜로프(V. E. Sokolov) : 포유동물의 피부

나는 이 장을 집필하기 전인 1989년 옥스퍼드대학 서점에 들러 대학생들은 이 주제에 대해 어떻게 배우고 있는지를 알아보았다. 나는 종합적이고 추천을 받고 있으며 최신 연구 결과를 잘 반영하고 있다고 알려진 최신판 책 2권을 구매했다. 하나는 『자연인류학 개론(Introduction to Physical Anthropology)』이며, 다른 하나는 『자연인류학(Physical Anthropology)』이었다.

그중 한 권은 이 주제에 대해 단 몇 마디만 적고 있었다. '유인원과 비교할 때 인간은 털이 적다'는 것이었다. 또 다른 책은 정도가 더 심해 아예 아무런 언급도 하지 않고 있었다.

이 책의 저자들은 털 주제에 미련을 둘 이유가 없었다. 그들의 목적은 학생들이 시험에 합격할 수 있게 돕는 것이다. 그들은 인간이 왜 털이 없을까라는 문제는 시험에 나오지 않을 것이라는 사실을 잘 알고 있었다. 왜냐하면 시험을 내는 사람도 이를 채점하는 사람도 답을 잘 모르기 때문이다.

이는 침묵의 음모라 할 수 있다. 그래도 1970년보다는 나은 상황이다. 그 당시에는 이 문제에 대해 앵무새 같은 대답만 되풀이되었다. 전문가들은 인간이 털이 없다는 것은 사람들의 시각 착오에 불과하다고 했다. 인간 몸 전체의 모낭은 침팬지보다 많으면 많았지 결코 적지 않다는 것이었다. 단지 털이 피부에 나타나지 않을 정도로 짧아졌기 때문이므로, 설명할 필요가 없는 정도 차이에 불과하다는 것이었다.

이런 종류의 회피는 인간 지성에 대한 모욕이었지만, 교수나 학생들은 별 상관이 없었던 것 같다. 데스몬드 모리스(Desmond Morris)가 한 자도 고치지 않고 그대로 전한 바에 따르면 한 저명인사는 TV방송에서 다음과 같이 얘기했다고 한다. '우리가 모든 유인원 중 가장 털이 없다는 주장은 사실이 아니다. 우리가 털이 없다는 잘못된 신화를 설명하기 위해 제시된 많은 기묘한 이론들은 다행스럽게도 이제 더 이상 언급할 필요가 없을 것 같다.'

TV에서 수생이론에 대한 토론이 한번 있었다. 1972년 시카고에서였는데 이때 누군가가 한 인류학 교수에게 인간이 유인원에 비해 털이 없는 이유가 무엇이냐고 물었다. 그 질문에 미처 준비가 안 되었던지 이 교수는 시청자들에게 털 문제는 이미 다 풀렸고 답이 문헌 어딘가에 나와 있을 거라고 자신 있게 대답했다. 다만 불행히도 어느 문헌인지는 잊어버렸다고 했다.

이런 곤경에 빠진 사람들을 위해 그 문헌의 내용을 소개하면 다음과 같다. 인간이 털이 없어진 이유에 대해 (1) 진드기 (2) 성(性) (3) 사냥

(4) 유형성숙(neoteny) (5) 한낮에 먹이 구하기 (6) 상대 성장 (7) 물 때문이라고 설명한다. 어떤 이론이 가장 그럴듯한지는 독자가 판단할 몫이다.

(1) 기생동물설은 벨트(Belt)라는 사람이 주장한 이론이다. 그는 열대 지방의 해로운 진드기나 다른 독성 기생충이 몸에 서식하지 못하도록 털이 없어졌다고 생각했다. 다윈도 이 이론을 생각해 보았으나 곧 폐기하고 말았다. 많은 네발짐승이 똑같은 문제를 안고 있으나, 그들은 털을 벗어 버리는 극단적인 변화를 추구하지 않았기 때문이다. 이 때문에 털을 벗는다는 것은 극단적인 변화이기도 하지만 비효과적이기도 하다. 인간의 몸에 서식하는 벼룩은 수백만 년을 우리 곁을 떠나지 않고 지내고 있는 특별한 종이다. 우리는 털을 벗어버렸다고 하지만, 여전히 벼룩으로부터 완전히 벗어나지 못하고 있다.

(2) 성(性)은 다윈의 이론이다. 그의 진화론에 관한 두 번째 저서 『인류의 후손과 성 선택(The Descent of Man and Selection in Relation to Sex)』에서 털이 없는 것이 불편하고 해를 끼칠 수 있다는 생각에 동의했다. 하지만 그는 이렇게 불리한 특성을 이성에게 매력적이라는 이유로 진화시킨 여러 종의 증거들을 수집하였다.
다윈이 수집한 사례 중에는 길고 달랑거리는 꼬리를 가져 숲을 지나는데 방해가 될 정도인 호주에 사는 금조가 있었다. 또 밝은 색깔로 천적의 눈에 쉽게 뜨이는 다양한 수컷 물고기와 새들도 포함되었다. 이러한 특성을 가지면 더 많은 암컷을 불러모아 다른 경쟁자보다 더 많은 후손을 남길 수 있다. 따라서 불리한 점에도 불구하고 우성 유전될 수 있다는 것이다.
그러나 인간이 털이 없는 것은 성 선택의 기준과 여러 면에서 차이가 있다. 첫째, 성적인 장식은 보통 한쪽 성에만 발달하지 양쪽 모두에게 발달하지는 않는다. 두 번째로 이런 장식은 주로 수컷에게 생기고 암컷에게는 생기지 않는다. 다윈은 인간만은 예외라고 생각했으며 '남성 아니면 여성이 먼저 털을 벗고 뒤따라 다른 성이 털을 벗었다. 그래서 그들의 자식들도 모두 털이 없어졌다.'는 것이다.

다윈은 암컷이 더 화려하게 치장을 하는 사례도 제시했지만, 이 경우는 암수의 성역할이 역전된 경우이다. 깝작도요는 암컷이 더 밝은 색이고 몸집도 더 크며 성격도 공격적이어서 수컷에게 능동적으로 구애하며 영토를 지키기 위해 싸움까지 한다. 반면 수컷은 둥지에서 알을 부화시키는 역할을 한다. 이러한 성역할의 역전이 인간 조상에게 일어났다고는 아무도 생각하지 않을 것이다.

세 번째로 성 선택을 위한 치장은 보통 1년 중 한때뿐이다. 짝짓기 후 호주의 금조 꼬리나 사슴의 뿔은 퇴색한다. 밝은 깃털 색과 빛나는 비늘도 희미해진다. 이런 현상이 연중 계속되는 경우나 암수에게 다 발생하는 경우는 거의 없다.

넷째로 성적인 호감을 주는 방법은 공작의 꼬리처럼 대개 덧붙이는 형태이지 제거하는 경우는 없다. 윤기나는 털이나 깃털은 건강을 암시한다. 반면 초기 단계의 털 빠짐 현상은 피부병, 무기력, 탈모증과 같은 나쁜 건강상태를 암시했을 것이다.

다섯째로 우리는 인간의 경우를 제외하고는 털이 없는 것에 대해 뿌리 깊은 미적 편견을 가지고 있다. 우리가 만약 털 없는 다른 동물을 더 좋아한다면 우리 조상이 털 없는 이성에게 더 매력을 느꼈을 거라고 추론할 수 있다. 그러나 정반대이다. 우리는 쥐의 매끈한 가죽 꼬리보다는 다람쥐의 복스러운 꼬리를 더 좋아한다. 콘도르의 피부가 드러난 목보다 백조의 깃털로 덮인 목을 더 좋아한다. 둥지에 있는 새 새끼들보다는 복슬

복슬한 병아리를 더 좋아한다. 징그러운 털 없는 소말리아두더지보다는 벨벳 털의 유럽두더지를 더 좋아한다. 이는 분명한 우리의 선호 경향이다.

이와 같이 우리 조상이 털이 없는 피부의 여성을 더 좋아했다는 생각은 다윈 같은 학자가 지지했음에도 불구하고 설득력이 떨어질 수밖에 없다.

(3) 사냥이론은 상당 기간 인정을 받고 인간 특성의 많은 부분을 설명한다고 알려진 이론이다. 사바나에 사는 한 종류의 유인원만 털이 없어지고 나머지 유인원은 같은 곳에 살면서도 왜 그대로 털을 유지했는가가 문제의 핵심이었다. 이는 채식을 주로 하는 유인원은 빨리 움직일 필요가 없으나 육식을 주로 하는 유인원은 먹이 대상을 쫓다보니 몸에 열이 나고, 이를 식히기 위해 털이 없어졌다는 이론이다.

이 이론의 약점은 첫째로 털의 기능이 태양열에 인한 체온 상승을 막아주는데 있다는 점이다. 둘째, 남성만 사냥한다고 보았을 때 남성의 털이 여성보다 더 없어져야 하지만 보통 그 반대의 경우가 많다. 셋째, 낮의 체온 상승을 막다보면 밤의 체온 저하에는 도리어 불리해진다는 점이다. 넷째, 사바나 환경에서 천적이 나타나면 육식 유인원뿐만 아니라 모든 유인원이 살기 위해 재빨리 도망쳐야 하는데 다른 유인원들의 털은 없어지지 않았다는 점이다.

(4) 유형성숙이란 인간이 유인원의 어린 특성을 지니고 있다는 개념이다. 이는 일반적으로 발달 속도가 지체된 상태를 말한다. 다른 유인원에 비해 더 천천히 성숙하고 더 오래 살며 성인이 되어서도 어릴 때의 특성을 그대로 유지한다는 것이다. 유인원과 인간을 비교할 때 자주 인용되는 유아 특성으로 납작한 얼굴, 생후 초기의 빠른 두뇌 성장률, 유인원 태아의 털 없음 등이 있다. 이 이론에 따르면 빠른 두뇌 성장률을 갖는

기간이 연장되는 것은 종에 유리하게 작용하므로 다른 유아 특성들과 함께 한 묶음으로 선택되었다는 것이다. 이 특성에는 배아의 체모 분포로 묘사되는 인간에게 털이 없는 것도 포함된다.

유형성숙이론은 네덜란드의 해부학자 루이스 볼크(Louis Bolk)에 의해 1920년대 처음 제안되었다. 그 후 1970년대 하버드대학교의 스티븐 제이 굴드(Stephen Jay Gould)에 의해 다시 주목을 받게 되었다. 사람들은 이제 털이 없어진 이유에 대해 간단하고 적절한 답으로 유형성숙 때문이라고 말할 수 있게 되었다.

이 이론의 약점은 왜 많은 유아 특성 중 생존에 그리 중요하지 않은 특성들이 선택되었느냐는 것이다. 모든 유아 특성이 선택되지는 않았다. 예를 들어 유아 특성 중 짧고 휜 다리는 성인이 되면 자연스럽게 없어진다.

스티븐 제이 굴드는 유형성숙에 관해『계통발생과 개체발생(Ontogeny and Phylogeny)』이란 책을 1977년에 출간하였는데, 이 분야에서 고전으로 널리 인정을 받고 있다. 이 책에서 저자는 볼크 식의 흑백논리 함정에 빠질 생각은 없다고 강조했다. 그는 시간의 시험을 이겨낼 수 있도록 명백하고 면밀하게 모든 것을 검토하고 설명하였다. 그러나 털이 없어진 데 대해서는 별로 언급하지 않고, 단지 루이스 볼크의 책에서 인용된 목록을 참조하는 데 그쳤다. 자신의 의견을 총정리하면서 굴드는 유아 특성이 선택적 가치를 지닐 때에만 결과적으로 유효하다는 생각을 피력했다.

마지막 말이 중요하다. 털이 없어진 게 어떤 지역에서 인간의 생존 기회를 늘려줄 때만 유아 특성이 획득형질로 작용할 수 있다는 것이다. 생존 기회가 줄어든다면 자연선택은 반대로 털이 그대로 남아 있게 할 것이다. 유형성숙은 털이 없는 것이 가장 최상인 환경이었음을 증명해야 할 필요성을 없애 주지는 못한다.

(5) 최근 이론으로 '한낮 유인원' 이론이 있는데, 두 발 걷기와 관련하여 언급한 적이 있는 이론이다. 인간 조상의 두뇌가 다른 유인원 두뇌에 비해 한낮의 뜨거운 햇볕으로 인한 온도 상승에 취약하였다. 그러므로 사바나의 열기에 대처하기 위해서 특별한 전략을 쓰지 않을 수 없었다. 바로 이러한 가정에서 이론이 출발한다. 이 이론의 취약점은 그렇게 불리한 환경인 한낮의 사바나에서 먹이를 구하러 다닐 수밖에 없었냐는 점에 있다.

또 다른 문제점은 털이 없는 것이 체온 냉각에 도움이 된다고 미리 가정한 점이다. 처음부터 이런 가정을 의심하지 않았으며 사람도 더우면 코트를 벗는 것처럼 동물도 그럴 것이라고 당연하게 생각했다. 하지만 이런 가정은 부정되었고, 요즘은 내용이 조금 다르게 바뀌었다. 즉 '① 일부 동물은 땀을 흘리는 방법으로 체온 냉각을 도모한다. ② 인간은 이 전략을 채택한 대표적인 동물이다. ③ 땀을 흘리는 데는 털이 없는 것이 더 효과적이다.'라는 것이다.

여기서의 약점은 ③에 있다. 이것도 질문이 필요 없는 상식처럼 들린다. 한 유명한 화석 연구자는 라디오 프로그램에서 인간이 털이 없어진 이유를 묻는 청취자의 질문에 인간이 땀을 흘리기 시작하면서 털이 없어졌다고 대답했다. 그는 청취자에게 스웨터를 입은 채 땀을 흘리면 불쾌감을 느끼지 않겠느냐고 반문했다. 만약 털이 계속 있었더라면 우리 피부에서는 아마 곰팡내가 났을 거라고 했다.

인간이 땀 흘리는 것에 대해서는 다른 장에서 자세히 언급하였기에, 여기서는 한 가지 인용을 통해 앞의 곰팡내 이야기를 반박하고자 한다. 1974년 러시아의 소콜로프(V. E. Sokolov)는 포유동물의 피부에 대한 대규모 조사 결과를 발표했다. 이 책의 영문판은 1982년 캘리포니아대학교에서 출판되었다. 이 책에서는 500여 종에 걸친 대부분의 포유동물 피부 조직을 상세히 다루고 있다. 또 비교형태학을 통해 포유동물 피부가 각기 다른 환경에 어떻게 적응해 왔는지를 검토했다. 소콜로프는 책 578쪽에서 '습기가 맨 피부보다 털이 있을 때 2배 더 빨리 증발한다는 사실이 밝혀졌다. 이는 털이 땀의 증발을 방해하지 않는다는 사실을 보여준다.'고 지적했다.

많은 종들은 땀 흘리기와 털 있는 피부를 공유하고 있다. 이들 중 아무도 곰팡내 나는 피부를 갖고 있지 않다.

(6) 유인원의 털 밀도에 근거한 상대성장이론이 1981년 새롭게 제시되었다. 상대성장이란 한 종이 진화 과정을 통해 몸집이 커지더라도 몸의 모든 기관이 같은 비율로 커지지 않는다는 이론이다.

상대성장 분석 결과를 보면 유인원 몸집이 2배 커져도 몸의 털 숫자가 2배로 많아지지는 않는다. 명주원숭이처럼 작은 원숭이는 털이 촘촘하지만 큰 원숭이들의 털은 성긴 것을 보면 알 수 있다.

상대성장 이론에 따르면 인간의 조상 유인원은 다른 사바나 유인원보다 몸집이 커서 털이 성겼으며 따라서 한낮의 태양열에 더 취약했다는 것이다. 이런 연유로 별도의 체온 냉각을 위해 땀을 흘리도록 진화하였으며, 궁극적으로 털이 없어지게 되었다는 것이다.

이 이론은 기발하지만 두 가지 사실을 간과하고 있다. 첫째로 포유동물에게 털은 여러 기능을 갖는 자산이다. 열 냉각 문제 하나가 해결되었다고 해서 털이 없어지기는 어렵다. 둘째 더 큰 문제는 털이 성겨졌다고 해서 반드시 숫자가 줄어드는 것은 아니라는 것이다. 고릴라는 인간보다 몸집도 크고 털도 성기지만 몸에 털이 여전히 많다. 특히 마운틴고릴라는 길고 우아한 털을 자랑한다. 사바나 유인원이 햇빛에 더 좋은 방패막이 필요했다면 몸의 털이 없어질 게 아니라 더 길어졌어야 했을 것이다.

①범고래, ②돌고래, ③해우(매너티), ④하마

(7) 셜록 홈즈(Sherlock Holmes)의 재미있는 격언 중 '불가능한 것을 다 제외하였을 때 마지막으로 남는 것은 아무리 이상해 보여도 진실이 틀림없다'는 것이 있다. 앞의 이론들을 지지하는 사람들은 이를 대상에서 제외하는 것에 동의하지 않을 것이다. 그러나 이론이 이만큼 많이 있다는 것은 적어도 아직 의문점이 해소되지 않았다는 사실을 보여준다.

의문은 데스몬드 모리스가 지적한 것처럼 '털이 없는 것이 어떤 환경에서 가장 적합한가?'라는 것이다. 이에 대해 가장 간단하고 논리적인 답변은 대부분 털이 없는 동물이 진화한 환경은 바로 물 환경이라는 것이다.

찰스 다윈도 같은 말을 한 적이 있다. '고래, 돌고래, 해우, 하마 등은 털이 없으며 이는 물에서 헤엄치기에 유리하기 때문이다. 추운 지방에 사는 많은 동물 종이 두꺼운 지방층으로 보호되는 것처럼, 이들도 체온 손실로 해를 입지는 않는다.' 그는 이런 사실이 인간 조건에도 해당되는지는 언급하지 않았다.

소콜로프가 포유동물 피부에 대한 그의 대작을 집필했을 때도 인간은 그가 언급한 수백 종에 포함되지 않았다. 그는 수생환경의 적응 사례 중 어떤 것이 인간에게도 적용될 수 있는지에 대해서는 검토하지 않았다.

털은 피부 주위의 공기를 잡아두는 능력에 따라 보온 효율이 달라진다. 육상 포유동물의 경우 털이 젖으면 보온 능력이 떨어져 효과가 없어진다. 물뒤쥐 처럼 작은 수생 포유동물은 특별히 기름진 털로 몸 주위의 공기방울을 잡아 수밀효과와 보온을 유지한다. 물개와 해달은 특수한 모피를 갖는다. 모피의 안쪽 층은 매우 조밀하고 부드러워 작은 공기방울을 잡아둘 수 있고, 바깥층은 길고 광택 나는 보호 털로 이루어진다.

일생을 바다에서만 사는 대형 포유류로는 고래, 해우, 돌고래가 있다. 이들은 털이 전혀 없고 대신 수생환경에 적합한 지방층을 갖고 있다. 부분적으로 물에 사는 대형 포유류에는 물개와 바다사자가 있다. 이들은 흔히 고위도 추운 지방의 해안에서 새끼를 기르며 대기 중에서 보온을 위해 털이 필요하고 물속에서는 지방층으로 보완한다. 그러나 물개 중에서도 물속에서 장시간 지내는 종은 그 균형이 깨져 점차 털이 없는 쪽이 우세해졌다.

가장 큰 종으로 코끼리물범이 있다. 수컷의 경우 크기가 5~6m, 무게는 4톤에 달하며, 연중 40일을 털갈이하면서 보낸다. 코끼리물범의 피부는 두껍고, 죽은 피부를 벗겨내는 작업이 털 때문에 방해를 받는다. 털은 피부에 큰 반점을 만들며 빠지는데 마치 쥐에게 뜯긴 모습이다. 마틴(R. M. Martin)은 이를 솔기가 뜯겨진 것 같다고 묘사했다.

두 번째로 큰 종으로 바다코끼리가 있다. 바다코끼리에게는 털을 유지하는 것이 사치스러운 일임에 틀림없다. 수려한 턱수염을 빼고는 거의 털이 없다.

대부분 가장 큰 해양포유류가 털이 가장 없기 때문에, 우리 조상들도 털이 없어지는 것이 물속에서 가장 좋은 전략이 되려면 몸집이 그만큼 컸어야 했다는 주장이 때때로 제기되었다. 그러나 이 주장을 반박하는 사례는 많다. 강에 사는 돌고래는 크기가 인간만 하다. 늪에 사는 맥(Tapir)은 물에 사는 말처럼 생긴 동물이다. 그들은 수영과 다이빙을 잘하고 초기 코끼리처럼 짧은 코에 털이 거의 없다. 돼지 종류 중 물과 가장 친한 바비루사(Babirusa)는 인간보다 작은데도 털이 전혀 없다.

포유류가 털이 없어지는데 적당한 환경은 단 두 가지밖에 없는 것으로 알려져 있다. 하나는 소말리아뒤쥐처럼 완전히 땅 속에 사는 것이다. 다른 하나는 물에 사는 것이다. 우리 조상이 100% 땅 속에 살았다고는 아무도 믿지 않을 것이다.

우리 조상이 한때 물에 살았다는 생각을 받아들이기가 뭔가 꺼림칙할지 모른다. 장벽은 논리가 아닌 심리적인 현상이다. 수생기원 개념이 새롭고 이상하면서 우리에게 익숙한 많은 선입견을 완전히 뒤집어 버리기 때문이다. 그러한 저항을 극복하기 위해 혼자 추론한다고 금방 효과가 나지는 않을 것이다. 이를 받아들이기 위해서는 시간이 필요할지 모른다.

7. 체온 강하

'땀은 중요한 생물학적 실수라고 여겨질 정도로 수수께끼다. 땀은 몸에서 수분뿐만 아니라 나트륨을 비롯한 주요 전해질을 물과 함께 내보낸다.'

윌리엄 몬태냐(William Montagna)

위에서 인용한 것처럼, 몬태냐는 우리 인간의 독특한 현상인 땀에 관해 말하고 있다. 어떤 사람은 땀을 우리가 안고 가야 할 불가사의한 짐이라고 한다. 또 어떤 사람은 너무나 훌륭한 진화적 업적이며 땀의 효과를 극대화하기 위해 털이 없어지는 것이 당연하다고 찬양한다.

땀은 포유동물 진화과정 중 상대적으로 후기에 나타난 것으로 보인다. 공룡시대의 초기 포유동물은 땀을 흘릴 필요가 없는 쥐처럼 작고 은밀한 동물이었다. 그러나 온도가 불쾌할 정도로 올라감에 따라 이들은 헐떡거리게 되고 폐와 혀, 입 안쪽에서 습기를 증발시키는 적절한 체온 냉각방법을 구사하게 되었다. 숲에 사는 작은 영장류를 포함하여 많은 현생 포유동물은 땀을 흘리지 않는다. 더운 나라에 사는 일부 동물은 자기 피부에 침을 발라 증발시켜 몸을 식히기도 한다.

인간은 더울 때 헐떡거리지 않는 유일한 육상 포유동물일 것이다. 고릴라나 침팬지의 경우 개만큼 심하지는 않지만 숨소리가 커지고 혀가 늘어지며 호흡속도가 빨라진다. 사람은 운동 중에 더 많은 산소 흡입을 위해 숨이 가빠지는 경우는 있으나 햇볕을 쬐며 누워 있다고 해서 체온 냉각을 위해 숨이 가빠지지는 않는다. 그러나 뜨거운 물속에 들어가 있을 때처럼 땀이 제 기능을 할 수 없을 때는 숨이 가빠질 수 있다.

포유동물의 수가 점차 늘어나고 종류도 다양해짐에 따라 일부는 숨을 헐떡거리는 것과는 다른 별도의 체온 냉각방식이 필요했다. 예를 들어 초식동물은 나무 그늘이 없는 초원에서 풀을 뜯으며 오랜 시간을 보내야 한다. 따라서 말, 양, 소, 당나귀 등은 모두 땀을 흘리는 방법을 취하게 되었다.

일부 수분은 땀샘이 없어도 동물 피부에서 확산을 통해 나갈 수 있다. 그러나 양이 매우 적으며, 체온을 조절하기에는 역부족이다. 수분은 피부의 작은 구멍인 모공을 통해 더 잘 나갈 수 있다. 발굽을 가진 동물은 땀을 흘리기 위한 땀샘을 따로 갖고 있지 않다. 대신 다른 기능을 위해 진화된 모공을 사용하여 땀을 흘린다. 진화의 역사는 이처럼 생물학적으로 일단 한번 해보고 수정해 나가는 사례로 가득 차 있다.

모공은 이미 3가지 목적으로 쓰이고 있다. 먼저 털이 자라는 구멍이다. 다음은 털을 윤기 나게 하는 피지가 분비되는 통로로 사용된다. 피지선은 모낭과 함께 있다. 세 번째로는 모낭 아래 작은 조직인 아포크린선의 통로가 된다. 아포크린선의 본래 기능은 후각 신호를 내는 것으로 알려져 있다. 이들은 많은 종의 몸에서 냄새와 때로는 색소까지 내는 기름물질과 단백질을 분비한다.

아포크린선의 활용도는 높다. 포유동물의 유선도 상당히 변형된 아포크린선의 일종으로 생각된다. 실제로 땀을 흘리는 모든 포유동물은 인간만 제외하고는 땀샘이 모두 변형된 아포크린선이다. 여기서 나오는 기름 성분은 탈지우유와 같은 묽은 유액이다. 이 선은 모낭과 함께 몸 전체에 퍼져 있으며, 체온 상승에 따라 유액을 피부 표면에 발산한다.

이런 종류의 땀은 생물학적 실수라고 할 수 없다. 유액의 손실은 과도하지 않으며 동물의 필요에 따라 적절하게 조절된다. 낙타의 경우 단지 극소량의 습기만 발산하는데, 이는 물을 보존하기 위해서이다. 소는 체온 조절을 위해 헐떡거림과 땀을 모두 사용한다. 그러나 피부의 땀에 의한 증발열 효과가 헐떡거림에 의한 것보다 6배가 많다. 소의 땀은 최소한의 필요량을 넘지 않고 사람처럼 흘러내리지 않아 처음에는 잘 알 수 없다. 말은 땀을 아낌없이 흘리는데, 특히 전속력으로 달렸을 때이고 주로 감정적인 반응을 보일 때에 국한된다. 말이 들에서 휴식을 취할 때는 고온에서도 땀을 흘리지 않는다.

아포크린 땀샘은 물과 더불어 염분(NaCl, 염화나트륨)의 손실도 효과적으로 조절할 수 있다. 초원 환경에서는 소금이 아주 드물기 때문에, 이곳에 사는 동물들은 땀 속의 염분을 주로 다 재흡수한다. 특히 양은 나트륨 대신 칼륨을 땀에 포함시켜 흘린다. 서식지에 칼륨이 나트륨에 비해 20배나 더 많기 때문이다.

인간의 조상이 나무에서 초원으로 내려오면서 땀을 흘리는 체온 냉각 방식이 필요했다는 가설이 있다. 만약 그렇다면 그들이 왜 야생 당나귀나 낙타처럼 아포크린선을 체온 냉각방식으로 사용하지 않았는지 의심이 든다. 그들 역시 사바나에 귀한 물과 소금을 낭비하지 않는 방식이 필요했을 텐데 말이다.

그러나 우리 조상들은 놀랍게도 아포크린선과 같이 검소하고 효과적인 방법을 배제하였다. 인간은 아포크린선이 일부 국소부위만 빼고는 모두 사라져버렸다. 그러므로 아포크린선을 땀 흘리는 용도로 사용할 수 없다. 반면 아포크린선은 침팬지와 고릴라를 포함한 대부분 유인원의 경우 온 몸에 걸쳐 퍼져 있다. 아포크린선은 인간 배아에서 발달하기 시작해 임신 5개월의 태아까지는 온 몸에 퍼져 있다. 하지만 그 다음에는 거의 모든 부위에서 사라져버린다.

우리에게 남아 있는 몇 안 되는 아포크린선은 특별한 부위에 모여 있다. 인간의 아포크린선은 땀 흘리기를 통해 체온을 조절하는 용도로 사용되지 않는다. 따라서 이곳에서 나오는 분비물은 묽지 않다. 이들은 겨드랑이, 사타구니, 배꼽, 귀, 젖꼭지에 존재하며, 냄새를 발산하는 고유의 목적을 위해 있는 것처럼 보인다. 대부분의 포유동물의 새끼와 사람 아기는 젖꼭지를 찾을 때 냄새의 도움을 받는다.

많은 원숭이들은 경쟁자를 물리치거나 이성을 유혹하기 위한 전달 수단으로 특히 후각기관을 발달시켰다. 양털원숭이는 가슴에 냄새를 내는 선이 있다. 이들은 나뭇가지에 가슴을 문지르는 특이한 행동으로 자신의 영역을 표시한다. 여우원숭이는 팔꿈치 안쪽에 아포크린선 집합체가 있다. 이들은 반대 손으로 냄새를 씻어내 긴 꼬리에 문지르고 꼬리를 공기 중에 흔든다. 그렇게 함으로써 자기 짝을 유혹하기 위한 냄새 신호가 멀리 퍼지게 한다.

다른 유인원과 인간도 여우원숭이처럼 아포크린선 집합체를 갖고 있다. 과학자들은 집합체가 주로 겨드랑이에 있기 때문에 겨드랑이선이라고 부른다. 이곳의 아포크린선은 진한 회색빛의 물질을 분비한다. 이곳에는 분비물질을 희석시키기 위한 용액을 분비하는 별도의 선이 있다. 또 냄새를 주위에 확산시키기 위한 털도 같이 있다.

아포크린선은 발정기에 활성화되어 분비량이 공포나 성적 흥분 등 정서적 자극에 반응하여 급격히 늘어난다. 아포크린선 집합체를 보유한 다른 유인원들처럼 인간의 겨드랑이선도 일차적 기능이 원래 성적인 유혹에 있었을 것이다.

그러나 결과는 딴판이었다. 겨드랑이 냄새는 잠재적 짝을 더 가깝게 유혹하기보다 오히려 멀리하는 역할을 하고 있다. 이런 현상은 위생을 중시하는 인간 문명사회만의 허식이 아니라 유인원들도 마찬가지라는 증거가 있다.

특별한 냄새 선은 여우원숭이나 양털원숭이처럼 그 기능을 활용하는 특이한 행동양식을 수반한다. 유사한 사례로 일부 사슴은 눈 바로 아래 냄새 선이 있다. 그들은 냄새를 다른 사슴이 알아차릴 수 있도록 나뭇가지 등에 자신의 눈을 문지르는 위험한 행동을 보이기도 한다.

유인원은 겨드랑이 기관과 연관된 이런 행동을 보이지 않으며, 서로 킁킁거리며 놀 때에도 겨드랑이에 관심을 보이지 않는다. 진화과정의 어떤 시점에서 겨드랑이선에 대한 관심이 없어졌거나, 그것이 주는 매력적 자신감을 잃어버렸을지 모른다. 우리의 많은 불편하고 당황스런 신체적 역기능 중 이것 역시 우리 조상에게서 물려받은 것임에 틀림없다.

겨드랑이선에서 발생하는 분비물은 실제로는 냄새가 없다. 우리 후각이 더 발달했다면 미묘하게 끌리는 감정을 느꼈을지 모른다. 그러나 우리는 이와 같은 원래 상태로 돌아갈 수 없다. 겨드랑이에 벼룩보다 더 오래 우리와 함께한 박테리아가 살기 때문이다. 박테리아는 우리 겨드랑이처럼 따뜻하고 습기 있고 영양분 많은 서식지에 오래 살면서 분비물을 먹고 이를 분해해 역겨운 냄새를 발산한다.

우리 조상에게는 아포크린선이 몸 전체에 퍼져 있었다. 하지만 지금 우리에게는 겨드랑이, 사타구니 등에 남아 있는 국부 집합체가 전부이다. 다른 곳의 아포크린선은 우리가 태어나기 전에 모두 없어진다. 왜 이런 일이 벌어졌는지 놀랍게도 연구가 거의 되지 않았다. 우리의 털이 없어진 경우는 다르다. 털 없는 피부에도 모낭은 남아 있으며, 피지선은 여전히 모낭을 통해 분비물을 발산하기 때문이다. 아포크린선이 남아 있지 않을 아무런 생물학적 이유가 없는 것이다.

이런 방식의 쇠퇴는 기관이 효용성을 잃었을 때 종종 발생한다. 만약 아포크린선의 원래 기능이 일반적으로 알려진 것처럼 냄새 발산에 있었다면, 발산 물질인 페로몬은 물속에서는 씻겨나갈 수밖에 없다. 따라서 수생 포유동물에게 아포크린선은 별다른 역할을 하지 못한다. 고대의 늪에 살던 종의 후손으로 최근 이집트에 수입된 물소는 현지에 원래 살던 소에 비해 아포크린선이 1/10 정도밖에 되지 않는다. 물에 사는 많은 동물의 땀샘이 물에서는 기능이 떨어지기 때문에 땀샘이 없어진 것으로 추정된다. 하지만 사람에게도 비슷한 추정을 하는 것은 모두 꺼리는 것 같다.

사람에게 땀에 의한 냉각 효과가 필요하게 되었을 때, 아포크린선은 이미 사라져 버렸기 때문에 이를 다시 사용하기가 어려웠다. 따라서 인간은 이를 위해 다른 종류의 피부 샘을 사용하게 되었다. 이것은 원래 동물의 발에서 미끄럼 방지를 위해 진화한 에크린선이다.

유인원을 제외한 모든 포유동물은 에크린선이 발바닥에 국한된다. 에크린선은 아포크린선과 달리 모낭과 관계가 없고 피부에 별도의 구멍을 갖는다. 또한 사춘기에 활성화되지 않고, 태어날 때부터 활성화된다. 여기서 분비되는 액체는 무색무취로 기름성분이 없고 물과 염분만을 주성분으로 하는 깨끗한 액체이다.

나무숲에 사는 영장류는 에크린선이 발바닥과 손바닥에 있어서 미끄러지지 않도록 하는 기능을 한다. 분명히 에크린선은 땅에 사는 유인원보다 나무숲에 사는 유인원에게 더 중요하다. 개가 돌로 된 경사면을 오르다 바닥으로 미끄러지는 경우는 기껏해야 체면을 구기는 정도일 것이다.

그러나 나뭇가지를 잡은 원숭이의 손이 미끄러진다면 땅으로 떨어지는 치명적인 상황이 된다.

원숭이와 유인원과 인간의 손발은 미끄러지지 않도록 이중의 보호책을 갖고 있다. 거기에는 손가락 지문과 같은 홈이 있어서 타이어의 무늬처럼 마찰을 크게 해 준다. 또한 에크린선은 피부를 축축하게 유지시켜 더 잘 잡을 수 있도록 해준다. 우리가 책 페이지를 넘길 때나 지폐를 셀 때 손가락 끝을 축축하게 하는 것과 같다. 도박사가 카드를 나누어줄 때 엄지를 먼저 핥는 것을 보면 이런 원리를 잘 알고 있는 것으로 보인다.

그래서 일부 유인원은 에크린선을 다른 부위에도 갖고 있다. 남미에 사는 몇몇 원숭이는 아프리카나 아시아에 사는 원숭이와 달리 나뭇가지를 잡는데 꼬리를 추가로 사용한다. 남미 원숭이들의 꼬리 아래쪽에는 털이 없고 홈이 나 있으며 에크린선이 발달해 있다. 침팬지와 고릴라는 주먹을 땅에 짚고 걷는데, 이 때문에 여기에도 지문과 에크린선이 있다.

이러한 사례 중 어떤 것도 땀을 이용한 체온 냉각과는 관계가 없다. 원숭이의 손바닥 땀은 온도 상승이 아닌 위험 인식에 대한 반응이다. 원숭이가 한 나뭇가지에서 다른 나뭇가지를 향해 공중으로 뛰어오르고자 마음먹으면 뇌가 신호를 보내 심장을 뛰게 하고 정신을 집중한다. 동시에 목표로 하는 나뭇가지를 잘 잡을 수 있도록 손바닥을 축축하게 만들어 준다.

인간의 손바닥도 정확히 같은 방식으로 온도 변화에 대한 반응이 아니라 긴장과 염려 때문에 땀이 난다. 무대 공포증을 갖고 무대에 서 있을 때나, 누군가 두려운 사람에게 소개될 때 그렇다. 당구 결승전에서 결정적 차례가 되었을 때, 우리는 큐대를 잡기 전에 손에 난 땀을 먼저 수건으로 닦아낸다. 간혹 손바닥에 땀이 과도하게 나서 치료를 받을 정도로 심각한 경우도 있지만 대부분은 단지 성가신 정도에 그친다.

그러나 경찰서에서 심문을 받는다면 상황이 다를 것이다. 손바닥에 땀이 조금만 나도 피부의 전기전도도가 높아져 당장 거짓말 탐지기가 반응을 나타낸다. '내가 거짓말을 하려고 하는데, 아마 이 사실을 그들이 알게 될지도 몰라.'라고 생각하는 즉시 거짓말탐지기는 사전에 형성된 불안 신호를 탐지해 낸다. 그러나 기계는 거짓말 자체를 탐지하는 것이 아니라 근심을 탐지하는 것이다. 완전히 진실만을 이야기한다 하더라도, 그 내용이 너무 이상해 아무도 믿지 않을 거라고 생각하여 일말의 불안을 느끼는 경우도 있다. 이때는 거짓말 탐지기가 오해를 할 수도 있다. 아니면 당신이 정말 빈틈없는 사람으로 아무도 알아채지 못하게 100% 확신을 갖고 거짓말을 할 수도 있다. 그러면 당신은 자신을 속이면서 동시에 거짓말탐지기 시험을 통과할 수 있다.

영장류의 진화 과정에서 에크린선이 몸 표면에 산발적으로 나타나기 시작했다. 작은 종에서는 이런 현상이 상대적으로 드물고 별 상관없는 곳에 우연히 나타나는 경우도 확실히 있다. 그러나 큰 원숭이들에게는 이런 현상이 더 많다. 아프리카 유인원의 경우 에크린선이 아포크린선 만큼 많거나 아니면 에크린선이 52 : 48 정도로 조금 더 많다. 반면 인간의 경우는 에크린선이 놀라울 정도로 많아 99 : 1의 비율에 가깝다.

지금까지 알려진 바에 의하면 유인원은 에크린선을 전혀 사용하지 않는다. 그러나 인간은 에크린선을 체온 냉각을 위해 사용한다.

우리의 털이 없는 것은 눈에 보이지만, 에크린선은 눈에 보이지 않으므로 대중적 관심을 불러일으킬 정도는 아니다. 그러나 평생 포유동물의 피부를 연구해온 전문가들에게는 항상 경이와 곤혹스러움의 원천이었다. 쉬퍼데커(P. Schiefferdecker)는 1920년대에 다음과 같이 말했다. '인류는 정확히 에크린선 포유동물이라고 말할 수 있다.' 또한 소콜로프는 80년대에 다음과 같이 선언했다. '에크린선에 의한 땀 흘리기는 말하기, 두 발 걷기에 버금가는 인류의 독특한 특징이 아닐 수 없다.'

전문가들이 모두 에크린선 땀 흘리기가 적어도 인류의 위대한 진전 중 하나라고 말하지는 않을 것이다. 모든 사실은 이런 특징이 인간과 유인원이 분화되고 나서 확실히 나중에 이루어진 변화라는 점을 지적하고 있다. 땀 흘리기 방식의 몇 가지 결점은 인류가 아직도 변화 도상에 있다는 점을 보여준다. 윌리엄 몬태냐는 '인체의 수백만 에크린선은 주요 체온 조절자 역할을 하고 있다. 그러나 체온 조절 기능이 아마 최근에 시작되어서인지는 몰라도 완전히 효율적이라고 할 수는 없다.'고 지적했다.

효율적이지 못한 점으로 다음 네 가지를 들 수 있다. (1) 반응 시작이 늦다. (2) 물을 낭비한다. (3) 염분을 낭비한다. (4) 신체의 주요 자원인 물과 염분의 고갈에 반응하여 위험 신호를 보내는 속도가 느리다.

느린 반응 시작은 일사병의 주요 원인이 되고 있다. 황당한 일을 당했다고 인식한 후 수 초 내에 손에 땀이 나는 경우와 달리 체온 조절 에크린선은 온도 상승에 반응하는 속도가 20분 이상 느리다. 그 시간에 뇌를 포함한 신체 온도는 계속 올라가 뇌 조직을 손상시켜 갑작스럽게 쓰러질 수 있다. 전형적인 예가 아주 더운 날 서늘한 차양 밑에 있다가 걸어 나간 크리켓 선수나 뜨거운 햇볕 아래서 연병장을 행진한 후 차렷 자세로 서 있는 군인들이다. 아무리 엄격한 훈련을 받았어도 꼭 두세 명은 기절할 가능성이 항상 있다.

마침내 땀이 나기 시작하면 체온은 급격히 떨어진다. 이는 다른 동물에 비해 더 신속하고 효과적으로 진행되므로 인간만이 갖는 우월성의 증거로 종종 인용된다. 하지만 이는 우리 체온이 초기에 결코 올라가서는 안 되는 지점까지 올라갈 수 있다는 좋은 반증이기도 하다.

인간의 땀은 양적인 측면에서 최고라는 찬사를 받는다. 그러나 이는 잘못된 찬사이다. 체온을 떨어뜨리기 위해 필요한 양은 낙타의 땀샘과 같이 얇은 습기 막 정도를 만들면 충분하다. 더 많은 양을 공급한다고 효과가 더 있는 것은 아니다. 욕조에 있다가 전화를 받기 위해 통풍이 잘 되는 거실로 막 뛰쳐나온 사람이라면 이를 금방 이해할 수 있다. 몸을 타월로 적당히 닦아도 냉기는 결코 없어지지 않는다. 피부가 완전히 마른 정도가 되어야만 냉기가 비로소 없어진다. 이는 습기의 얇은 막 정도가 많은 양의 습기와 마찬가지로 효과적인 피부 냉각을 할 수 있다는 증거이다.

더운 날씨에 운동선수나 여행자가 땀을 흘리며 심지어 뚝뚝 떨어뜨리는 모습은 효율적인 냉각 방식이 아니라 낭비적인 현상이다. 필요 이상의 과도한 땀은 아무런 유용한 목적이 없다. 뉴욕에 사는 사람들이 느끼는 여름 날씨에 대한 가장 공통된 불만은 열기가 아니라 습기이다. 대기의 습도가 높아 증발이 잘 안 될 때는 땀이 전혀 도움을 주지 못한다. 끝없이 땀이 흐르는 것은 단지 불쾌감만 높이고 성가시기만 할 뿐이다.

어떤 환경에서는 성가신 정도를 넘어선다. 2차 세계대전 때 사막 전투를 계기로 이 문제에 대한 연구가 시작되었다. 여기서 나온 결론은 더운 날씨에 강렬한 활동을 하는 병사는 피부를 통해 하루에 물 10~15리터를 잃을 수 있다는 것이다. 병사는 땀으로 잃어버린 물을 제때에 보충 받지 못하면 장시간 생존할 수 없다. 물의 공급이 제한된 곳에 고립되거나 남겨진 사람은 많은 에크린선 땀 흘리기가 탈수와 죽음에 이르는 과정을 급속하게 할 수 있다.

따라서 에크린선 땀 흘리기가 물이 귀한 사바나 환경의 유인원에게 진화했다는 주장은 있을 수 없는 일이다. 여기 저기 넓게 흩어져 있는 우물 중 하나로 자주 돌아가야 하는 문제는 먹이를 구하러 다닐 수 있는 활동 범위를 제한했을 것이다. 또한 이곳에 자주 출몰하는 천적에게 잡혀 먹힐 확률도 높았을 것이다. 낙타는 자기 몸무게의 30%에 달하는 물을 쉬지 않고 들이킬 수 있는데 반해 인간은 여러 날 동안 필요한 물을 한 꺼번에 마실 수 없다. 우리는 몸집이 비슷한 크기의 동물 중 한 번에 마실 수 있는 물의 양이 가장 적은 종에 해당한다. 과학자 뉴만(R. W. Newman)은 인간의 곤경을 다음과 같이 요약했다. '인간은 다른 동물과는 다른 독특한 세 가지 조건으로 어려움을 겪는다. 그 세 가지는 털이 많지 않은 빈모증, 땀을 많이 흘리는 다한증, 그리고 물을 자주 많이 마시지 않으면 안 되는 조갈증이다.'

많은 땀 배출로 낭비되는 또 하나의 귀중한 물질은 염분이다. 대륙의 토양과 식생에는 염분이 많지 않다. 수백만 년에 걸친 강우와 침식 그리고 강물에 의해 많은 양의 염분이 대륙으로부터 바다로 흘러들어갔기 때문이다. 일부는 비에 섞여 되돌아오기도 하지만, 빗물에 섞인 소금의 양은 바다로부터 거리가 멀어질수록 급격히 감소한다. 염분을 피부 표면으로 결정화시켜 내보내는 땀은 아프리카 초원의 인간에게는 큰 부담이었을 것이다.

염분 부족은 무기력, 기능 손상, 열 경련을 일으킨다. 1920년대 할데인(J. B. S. Haldane)이 발견한 바에 따르면 광부, 화부, 제철소 노동자들에게 발생하는 격렬한 복통 증세는 지속적인 땀 배출이 원인이었다. 그는 더운 나라에서 일하는 선박 화부에게 식수에 바닷물을 10% 타서 마시게 하면 문제가 해결될 수 있다고 충고했다. 최대로 땀을 흘리는 상태에서 3시간만 지나면 몸 안의 모든 나트륨이 소진될 수 있으며, 결과적으로 죽음에 이를 수 있다.

인간이 탈수나 염분 부족으로 인해 위험 수준에 도달할 때까지 땀 흘리기를 멈추지 않는 것은 이해할 수 없는 일이다. 이런 현상은 마라톤의 결승점에 다다른 선수에게도 영향을 미쳐, 정신이 혼미하게 되어 쓰러지는 상황이 발생하기도 한다.

영국과 같은 온대지방에서도 폭염 더위가 닥치고 1~2일이 지나면 혈전증으로 인한 사망률이 높아지는 현상을 종종 볼 수 있다. 실제로 런던에 열파가 와서 일일 혈전증 사망률이 2배가 된 경우도 있으며, 미국에서도 매년 같은 현상이 반복된다. 이는 물을 무상으로 얻을 수 있음에도 땀으로 손실된 물을 제때 보충하지 않으면 일어난다. 혈액량이 줄어들고 혈소판수가 늘어나며 혈장 콜레스테롤 수치가 올라간다. 이렇게 되면 혈액응고를 촉진하는 상황이 되어 결과적으로 노년층과 고혈압 환자에게 심장발작이나 심장마비 위험을 가져온다. 이로 인한 사망은 일사병으로 인한 갑작스런 사망보다 훨씬 더 자주 발생한다.

이런 사실로 비추어 볼 때 인간의 독특한 체온 조절 방식이 새롭고 높은 수준의 효율성을 달성했다는 사바나 이론가들의 주장은 인정하기 어렵다. 지난 1987년 그리스에서 발생한 심각한 폭염 속에서 언덕에 사는 염소들은 보호용 털과 적은 아포크린 땀샘 분비로 희생되지 않고 살아남은 반면, 인간은 1,300명이나 사망하는 사태가 벌어졌음을 잊지 말아야 한다.

©위키피디아

피부에서 땀을 흘리는 모습

8. 땀과 눈물

물과 염분이 낭비되며 온도 상승에 대한 반응이 늦은 땀 배출 방식은 역으로 물과 염분의 공급이 원활하고 과열이 그리 문제가 되지 않는 습하고 차고 소금기 많은 환경에서 진화했다는 것을 암시한다. 그러나 이와 관련한 어떤 연구도 '이러한 진화가 일어날 수 있는 곳이 과연 어디일까?'라는 문제를 본격적으로 검토한 적이 없었다.

오랫동안 다른 동물의 아포크린선을 의사 땀샘으로, 우리의 에크린선을 진짜 땀샘으로 일컫는 것이 대세였다. 이는 모든 다른 동물이 인간에 비해 뒤쳐졌다는 전제를 바탕으로 한다.

우리의 에크린선은 온도 조절자로 기능하기 때문에, 다른 동물의 에크린선 기능이 다른 것을 보면 당황스럽다. 그래서 동물들이 온도가 상승

될 때 에크린선을 통해 땀을 배출하는지 알아보는 실험이 행해졌다. 가장 좋은 실험 대상은 우리 주변에 흔한 고양이와 인간과 가장 가까운 친척인 침팬지였다.

그러나 실험 결과는 부정적이었다. 그들이 야생에서 생활하는 온도에서는 고양이 발이나 침팬지 몸에 땀이 나지 않았다. 온도를 더 높이자 침팬지의 눈과 입술 그리고 음낭에서 약간의 습기 방울이 관찰되었다. 하지만 이것이 에크린선의 분비 증거가 될 수는 없었다. 에크린선이 전혀 없는 말에게 아드레날린을 한 번 주사하면 같은 부위에서 유사한 결과를 가져왔기 때문이다.

1970년대부터는 사바나 영장류의 체온 냉각 방식을 연구하는 데 초점이 맞추어졌다. 모든 사바나 영장류는 체온 냉각을 위해 헐떡거리는 방식을 사용하였으며, 개코원숭이와 파타스원숭이 등 일부 원숭이는 땀 흘리기를 보완 수단으로 사용하였다.

빨리 달리는 것으로 유명한 파타스원숭이는 물을 자유로 마실 수 있는 높은 기온의 실험 환경에서 인간이 피부로 흘리는 단위면적당 최고 땀 양의 50%까지 땀을 흘리는 것이 관찰되었다. 거의 풀과 뿌리만 먹는 다른 사바나 종과는 달리 이들은 야생에서 주로 과일을 먹기 때문에 땀을 흘려 체온을 냉각할 수 있는 여유가 있다.

문제는 인간의 체온조절 방식이 언어나 두 발걷기처럼 우리에게만 독특하다는 오랜 믿음을 이런 관찰을 통해 깰 수 있느냐는 것이다. 사바나 영장류는 손, 발뿐만 아니라 몸에도 약간의 에크린선을 갖고 있다. 그러므로 이들의 땀 배출이 인간처럼 에크린선을 통한 것이라고 생각하는 경향이 있다.

그러나 이런 생각은 논쟁의 여지가 있다. 이들에게는 두 종류의 땀샘이 한 곳에 같이 분포되어 있기 때문에, 실험을 통해 땀이 어느 샘에서 나왔는지 가려내는 일을 매우 어렵다. 파타스원숭이에 대한 일련의 실험은 땀의 양만을 관찰한 것이었다. 붉은원숭이에 대한 실험에서는 땀이 에크린선에서 나온 것이라고 했지만, 비비원숭이에 대한 또 다른 실험에서는 땀이 아포크린선에서 나온 것으로 판단했다.

이 원숭이들은 몸에 난 털로 인해 땀 배출이 결코 용이하지 않다는 점을 굳이 지적할 필요는 없다. 사실 파타스원숭이의 경우 숲에 사는 원숭이보다 더 두꺼운 털을 가지고 있다.

수생이론의 장점은 영장류 가운데 인간에게만 독특한 피부 특성인 털 없음, 피하 지방, 탄력성, 아포크린선의 부재, 피지선의 증식 등이 수생 종에게는 모두 있지만 육상 종에는 없다는 사실에 있다.

링(J. K. Ling)은 물개의 땀과 피지선에 대한 연구에서 다음과 같이 지적했다. '털이 점차 없어지면서 피부의 방수 필요성이 생겨나 지질을 분비하는 피지선의 확장 현상이 나타났다.' 방수는 피지의 유일한 기능으로 보인다. 유인원의 피지선은 신체 중에서 자주 젖고 마르는 현상이 반복되는 부분, 즉 입, 눈꺼풀, 항문 주위에 발달해 있다. 바다 밑바닥에서 먹이를 찾기 위해 물속을 걷는 유인원에게 방수는 자주 물에 젖고 태양과 바람에 노출되기를 반복하는 피부 부위, 즉 머리, 얼굴, 가슴 그리고 등의 상부에 가장 필요하다. 이 부위는 인간의 피지선이 발달한 곳과 정확히 일치한다.

한 수생동물의 사례는 에크린선에서 분비한 땀에 의한 냉각 방식을 뚜렷이 보여준다. 물개가 해안에서 새끼를 돌볼 때는 지방과 모피에 의한 이중 절연으로 체온 상승이 우려될 수 있다. 물개는 포유류의 전형적인 발바닥을 갖고 있는 개와 같은 육상 종의 후예로 추정된다. 실제로 개의 발에 해당하는 물갈퀴는 땀을 많이 흘릴 수 있는 에크린선으로 덮여 있다. 물개는 물갈퀴를 공기 중에 흔들어 체온을 냉각시킨다.

우리가 수생이론을 잠정적으로 인정한다면 몇 가지 아주 새로운 의문이 생긴다. 여러 피부과 전문의들은 우리의 땀샘이 뭔가 다른 목적으로 진화했다는 확신을 갖고 있다. 그러나 그 목적이 무엇인지에 대해 아직도 적절히 해명하지 못하고 있다.

바다에서는 땀샘이 어떤 다른 목적으로 사용될 수 있을까? 이들의 구조적인 본래 기능은 염분 용액을 방출하기 위한 것일 수 있다. 땀에는 미량의 요소와 박테리아 분해에 의한 것으로 보이는 암모니아가 일부 포함되어 있지만 역시 주된 성분은 물을 제외하고 90% 이상이 염분이다.

바다에서 먹이를 구하는 새와 포유동물은 때때로 필요 이상의 염분을 섭취하게 된다. 이는 염분이 모자라는 상황과 똑같은 정도로 몸에 해로운 상황이 될 수 있다. 많은 종들은 과다한 염분을 제거하기 위해 특별한 방식으로 진화하였다. 가장 일반적인 방식은 갈매기의 염류선 같은 것이다.

피부과 전문의들은 손발바닥이 아닌 곳의 에크린선이 원래 염분을 배출할 목적으로 생겼을 가능성에 대해 가끔 언급한다. 쉬퍼데커가 피부 샘의 이름을 처음 명명할 때도 에크린선이 배출 기능을 갖는다는 확신이 반영되었다. 아포크린이라는 말은 유분이나 단백질과 같은 분비물이 샘에서 합성되어 배출된다는 의미를 갖는다. 반면 에크린은 땀이 샘에서 만들어지지 않고 다만 땀샘을 통해 배출만 된다는 의미를 지니고 있다.

[요즈음 논문에서는 아포크린이나 에크린이라는 말을 각각 모공에 부착되었다는 의미로 에피트리키얼(Epitrichial), 그리고 모공에 부착되지 않았다는 의미로 아트리키얼(Atrichial)로 바꿔 부르는 경우도 있다. 하지만 일반적으로는 기존의 용어를 그대로 쓰고 있다. 예를 들어 더 적절한 이름이라면서 침팬지를 동굴에 사는 원인이란 뜻의 판트로글로다이트(Pantroglodytes)로 명명하는 것은 혼란만 가중시킬 수 있기 때문이다.]

에크린선이 염분을 방출하기 위해 진화했다는 주장은 간단한 이유로

부인되어 왔다. 사람의 땀은 염분의 농도가 피보다 묽은 저장액이라는 것이다. 실제 염분을 제거하기 위해서는 오줌과 같이 피보다 염분의 농도가 더 높아야 한다는 것이다.

그러나 인류 진화사의 초기에는 배출되는 용액의 염분 농도가 지금보다 더 높았을 가능성이 충분히 있다. 지금도 땀을 많이 흘리면 더 진해진다. 과학적 의미에서 땀샘 피로 현상이란 저장액을 생산할 수 있는 능력을 잃는다는 말과 같다.

용액을 희석하는 능력은 비교적 최근에 획득된 진화적 발달 과정일 수 있다. 저장액을 유지하는 에너지는 샘 안의 글리코겐을 젖산으로 변환시켜 얻는다. 그러나 이런 과정은 비교적 최근에 진화된 몸통과 팔, 다리의 에크린선에서만 발달했다. 더 오래된 우리 손과 발에 있는 에크린선에서는 이런 변환이 일어나지 않는다.

염분 배출 목적의 진화 가능성은 단지 추론에 근거한 것이다. 그러나 우리 조상이 진화과정 중 어느 시점에 염분 과잉 위기에 처하게 되었으며, 따라서 콩팥의 기능과 별도로 염분 제거 방식이 추가로 필요했으리라는 추정에는 하나의 설득력 있는 증거가 있다.

물고기를 잡아먹고 사는 바닷새들은 먹이를 먹는 과정에서 바닷물을 함께 삼킬 수밖에 없다. 한편 오징어와 같은 바다 먹이는 그 자체가 짜다. 우리는 바닷새의 부리에서 용액 방울이 떨어지는 것을 종종 볼 수 있다. 이를 조사해 보니 코에 있는 특별히 진화된 염류선에서 나온 농도가 높은 염분 용액이라는 것이 밝혀졌다. 가장 큰 염류선은 바다에서 대부분 시간을 보내는 종들에게서 많이 나타난다.

해양 파충류와 몇몇 해양 포유류는 염분 문제를 코의 염류선이 아닌 눈물로 해결한다. 이런 동물에는 바다이구아나, 거북, 악어, 바다뱀, 물개, 해달 등이 있다.

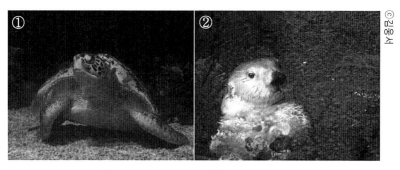

ⓒ김웅서

바닷새의 염류선

① ②

ⓒ김웅서

①해양 파충류인 바다거북, ②해양 포유류인 해달

　'너 때문에 슬퍼. 정말 동정해.' 눈물을 손수건으로 닦으며 바다코끼리
가 말했다. 『이상한 나라의 엘리스(Alice's Adventure in Wonderland)』
의 저자 루이스 캐롤(Lewis Carroll)은 소설을 썼지만 생물학적으로는
옳았다. 그의 책에서 우는 동물은 바다코끼리, 거북 그리고 엘리스뿐이었

다. 이 소설에 나오는 악어는 바다악어가 아니라 나일 강에 사는 악어이므로 눈물을 흘리지 않고 미소 짓는 것처럼 보인다.

인간은 유일하게 눈물을 흘리는 유인원이다. 인간은 아주 많은 땀과 눈물을 흘리기 때문에, 유인원 가운데 가장 물을 많이 흘리는 종이 되었다. 이러한 현상은 설명하기 어려우므로, 종종 털이 없는 경우에서 그랬던 것처럼 없던 것으로 간단히 넘어가거나, 거의 모든 육상 포유동물이 가지고 있는 눈물샘이 약간 더 활발하게 작용하는 것으로 언급한다.

그러나 이것은 사실이 아니다. 자극성 기체를 만났을 때 눈을 습한 막으로 보호하고 눈에 들어간 이물질을 제거하기 위해 눈물이 저절로 흐르는 경우가 있다. 반면 다른 자극에 반응하여 나오는 정서적 눈물은 다른 신경에 의해 조절된다. 뇌에서 눈으로 가는 삼차신경(얼굴의 감각 및 일부 근육 운동을 담당하는 다섯 번째 뇌신경 – 역자주)을 절단하면 자극에 반응하는 반사적인 눈물은 나오지 않는다. 그러나 기쁨과 슬픔에서 비롯된 눈물은 계속 나온다. 코카인을 눈에 투여했을 때에도 같은 현상이 일어난다.

염분을 배출하는 눈물과 정서적 눈물의 관계를 이해하기는 쉽지 않지만, 이것은 오래된 문제이다. 갈매기는 공격적인 대치 상태에 있을 때 코에서 더 많은 액체를 흘린다. 해달은 고통스러울 때 또는 좌절했을 때 눈물을 흘린다고 알려져 있다. 인간이 우는 것과 관련이 있다고 보이는 자극 호르몬 프로락틴은 정서적 스트레스에 반응하여 분비된다.

인간의 땀처럼 눈물도 저장액이지만 항상 그런 것은 아니다. 눈물샘도 너무 오래 울면 피로현상이 생긴다. 그러면 염분이 더 진해지고 눈이 아프게 된다. 셰익스피어(Shakespeare)의 『리어왕(King Lear)』에서는 '내 눈물이 녹은 납처럼 뜨거웠다.'고 깊은 슬픔을 묘사하는 대목이 나온다. 에크린선에서 분비되는 땀과 정서적 눈물이 동시에 진화했으리라는 점은 충분히 있을 수 있는 일이다. 역기능이 발생할 때는 두 가지 다 영향을 받는다. 예를 들어 포낭섬유증(cystic fibrosis, 유전적인 질환으로 호흡기관의 벽에서 분비되는 점액질이 비정상적으로 진하고 마른 상태로 분비되는 증상 - 역자주)의 진단 기준 중 하나는 땀과 눈물의 염분 농도가 모두 높은 것이다.

정서적 눈물에 대해서는 연구하기가 힘들어 그다지 많은 내용이 알려져 있지 않다. 이 현상은 보통 실험동물에게는 일어나지 않고 오직 인간만이 실험대상으로 가능하기 때문이다. 자발적인 지원자를 얻는다 해도 과학자에게는 지원자를 어떻게 울게 만드느냐 하는 문제가 남는다. 반사적인 눈물 반응은 자극에 의해 쉽게 나타난다. 양파에서 증발하는 기체는 습기 있는 안구와 접촉하면 황산으로 바뀌므로 양을 조절해 실험에 사용할 수도 있다. 그러나 요청한다고 해서 모든 지원자가 정서적인 눈물을 흘릴 수 있는 것은 아니다.

다윈은 『인간과 동물의 감정 표현(The Expression of the Emotions in Man and Animals)』이란 책에서 어린이들의 눈물을 주로 관찰하여 눈물에 대해 설명하고 있다. 그의 집안은 대가족이었고, 어린이들이 울 때 달래야 하는 부성적 본능이 과학적 호기심을 압도하기 전까지 짧은 시간 동안 면밀하게 그들을 관찰할 수 있었다. 다윈은 반사적인 눈물 반응은 아기가 태어남과 동시에 가능하지만, 태어나서 처음 몇 주간은 소리내어 울 때 눈물을 흘리지 않는다는 사실을 처음으로 발견한 사람 중에 하나이다.

다윈이 최종적으로 내세운 이론은 아이가 소리를 지르면 마치 구역질할 때처럼 눈 혈관이 충혈되는데, 이때 혈관 파열의 위험을 막기 위해 눈 주위의 근육이 갑자기 수축된다는 것이다. 결과적으로 이런 작용이 눈물샘을 자극하여 눈물을 흘리게 한다. 성인은 소리치거나 눈을 찡그리지 않고도 눈물을 흘릴 수 있다. 이는 격양된 감정과 눈물 사이의 연관성이 성인이 되어서는 거의 자동적으로 이루어지기 때문이라고 한다.

이 문제에 대한 권위자인 윌리엄 프레이(William Frey)는 정서적 눈물을 모으려는 첫 번째 계획에서 보기 좋게 실패하고 말았다. 그는 실험을 위해 무대에서 반복적으로 울 수 있는 여배우를 포함하여 원할 때마다 울 수 있다고 자신하는 지원자들을 불러 모았다. 그러나 이들은 실험 분위기에 방해를 받아 제대로 울지 못하고 말았다.

프레이는 지원자들에게 최루성 영화를 보여주고 가까스로 시험관에 눈물을 모을 수 있었다. 고대 로마에서도 눈물을 모으려는 목적으로 비슷한 눈물단지가 특별히 제작되었으며, 네로황제가 불타는 로마를 바라보며 흐르는 눈물을 모았다는 이야기가 전해지고 있다.

눈물에 관한 몇 가지 흥미로운 사실이 발견되었다. 프레이는 두 종류 눈물의 화학적 구성 성분이 서로 다르다는 것을 알게 되었다. 자극에 반사적인 눈물보다 정서적인 눈물에 단백질 성분이 적어도 20% 많다는 것이다. 그는 또 기존 통념과 달리 눈물샘이 배출 기능도 수행한다는 사실을 발견했다. 예를 들어 망간은 우리 몸 안에서 고농도일 때 유해한 성분이 된다. 이 망간 물질이 눈물에서 피보다 30배나 농도가 높다는 사실을 발견하였다. 그는 현생 인류의 눈물이 스트레스 관련 과잉 화학물질을 제거하는 기능을 가지고 있으며, 이 때문에 울고 난 후 정서적 안도감을 느낄 수 있다고 추정했다. 또한 슬픈 영화를 볼 때 생기는 눈물 충동이 관람객 상호간의 신체적 접촉으로 억제될 수 있다는 점도 확인하였다.

다른 많은 경우처럼 과학적 탐구가 대부분 사람들이 본능적으로 알고 있는 사실을 확인시켜 주는 경우가 많다. 고통스런 상황에서 아이들이나 친구들을 만나게 되면 우리는 포옹을 통한 신체적 접촉을 하고 싶은 충동을 느끼거나, '실컷 울어. 그럼 좀 나아질 거야.'라는 잘 알려진 생활의 지혜를 이야기해 준다. 프레이는 이러한 충동이 옳다는 사실을 보여주었다. 내가 알기로는 이장의 맨 처음에 나오는 민간 속담이 맞는지 증명한 사람은 아직 없다. 그러나 땀이 많이 나면 오줌이 줄어든다는 사실이 알려져 있으므로, 옛말에도 일말의 진실이 있을 수 있다.

마지막으로 한 가지 특이한 것은 정서적 눈물이 다량의 바닷물처럼 무언가 삼키기 불편한 것과 관련이 있다는 점이다. 눈물이 쏟아져 나올 때 종종 목이 메는 경험을 했을 것이다. 환자들은 목에 축구공 같은 것이 느껴진다고 증상을 이야기하고, 의사들은 인두종괴감(globus hystericus, 실제로는 아무 것도 없는데 목 안에 무엇인가 걸려있는 것 같은 느낌이 들거나 목 안이 조여지는 느낌이 드는 증상 - 역자주)이라 부른다. 조사에 참여한 331명 중 여성은 50%, 남성은 29%가 울 때 목이 멘다고 대답했다. 목이 메는 느낌은 윤상인두근 경련(cricopharyngeal spasm)으로 발생한다. 윤상인두근 경련은 일시적으로 식도 입구를 막아 어떤 것도 위로 들어가지 못하도록 하는 무의식적 근육 수축 현상이다. 이에 대한 과학적 설명은 아직까지 나오지 않았다(번역에 사용된 책은 1994년에 발간되었기 때문에, 최신의 연구 결과를 반영하지 못하고 있을 수 있음 - 역자주).

인류 진화과정 중에 염분 위기가 있었다면, 체내의 나트륨 균형 상태를 본능적으로 인지하지 못한다는 또 다른 인류의 한 가지 특성을 충분하게 설명할 수 있을 것이다. 우리는 신체에 물이 모자랄 때 목마름을 느끼고 능동적으로 물을 찾아 마심으로써 균형을 맞춘다. 만약 갈증이 해소되지 않으면 물 마시는 문제가 가장 절실해진다.

대부분의 포유동물은 염분이 모자랄 때 이를 충족시키기 위해 매우 신속하게 반응한다. 데렉 덴튼(Derek Denton)은 그의 고전적 연구『염분의 결핍(The Hunger for Salt)』에서 양, 쥐, 토끼와 같은 포유동물의 염분 욕구를 설명했다. 이 모든 종들의 경우 신체가 원하는 염분 양과 섭취하려는 염분 양 간에 정확한 상관관계가 있음을 보여주고 있다.

바다에서 멀리 떨어진 곳에 사는 종들은 염분 섭취를 위해 상당한 먼 거리를 이동하기도 한다. 초식동물은 화산 활동으로 발생하거나 고대 바다의 퇴적층에 남겨진 염분토를 찾아 먼 거리를 이동한다. 아프리카 지구대의 엘곤(Elgon)산에는 염분이 풍부한 토양을 가진 동굴이 많다. 코끼리가 보통 한꺼번에 10마리씩 떼를 지어 와서 어둠을 헤치고 동굴 깊이 들어가 흙을 파헤쳐 먹는다.

어떤 곳은 자연적으로 염분이 부족하여, 인간이 염분 제공의 원천이 되기도 한다. 산악지역의 야생 양들은 땀에 젖은 등산가들의 옷을 종종 핥으려 한다. 영국 몬태나 지방의 나무집에 사는 남자들은 베란다 기둥에 소변보는 습관을 포기해야 했다. 밤에 두더지가 숲에서 나와 오줌에 젖은 목재에서 소금을 먹기 위해 기둥을 쏠아 넘어뜨리는 경우가 발생했기 때문이다. 고릴라나 침팬지가 흙에 섞인 광물질을 섭취하기 위해 흙을 파먹는 광경이 목격된 적도 있다.

한편 동물은 염분을 충분히 섭취하면 더 이상 먹지 않는다. 그러나 인간은 염분을 의무적으로 찾지도 않지만 갑자기 중단하는 일도 없다. 우리의 염분 섭취는 염분 부족이나 과잉과 전혀 관련이 없다. 이런 것은 분명히 우리가 사바나에서 획득한 특성이라고는 할 수 없다. 덴튼이 지적했듯이 사바나 환경에서는 선택적 압력이 염분을 보유하고 유지하기 위한 체계를 확립하는 쪽으로 진화했을 것이기 때문이다.

할데인(J. B. S. Haldane)은 이것이 인간에게만 보이는 특별한 결점이라고 처음으로 생각한 사람 중 하나였다. 그는 열로 인해 유발되는 경련에 관한 연구 논문에서 다음과 같이 언급했다. '광부나 화부 등은 자신이 필요로 하는 만큼 소금을 섭취하기 때문에, 우리는 신체 내 염분 부족

으로 인한 증상을 신경계 이상으로 인한 증상으로 생각할지도 모른다.'
이 문제는 노동자들의 음식과 식수에 소금을 첨가함으로써 쉽사리 해결되었다. 최근에는 탈수 치료용 음용액으로 제3세계의 수백만에 달하는 인명을 구원함으로써 기적적인 치료 성과를 올린 바 있다.

영국 의학 잡지 란셋(Lancet)이 금세기 가장 중요한 의학 혁명으로 단순하고 저렴한 음용액을 지적한 것은 주목할 만한 일이다. 1984년 유엔아동기금(UNICEF) 보고서는 '제3세계 어린이들은 값비싼 치료가 필요한 희귀한 질병으로 죽는 게 아니다. 5백만에 달하는 어린이들은 매년 단순한 설사로 인한 탈수 증세와 이에 대한 무지로 죽어간다.'고 지적하였다. 우리 몸에서 염분이 빠져나가면 신체 내 염분이 부족해지지만, 우리는 이를 알 수 없다. 탈수 치료용 음용액은 설탕과 소금이 들어간 단순하고 저렴한 용액으로, 설사로 인한 사망률을 금세 절반으로 줄여주었다. 이처럼 의사와 간호사가 염분 부족을 겪고 있음을 알려주고 어떻게 대처해야 할지 처방해 주는 동물은 인간밖에 없다.

또 다른 극단의 예로 소금을 필요량보다 15배나 과잉 섭취하는 선진국 사람들이 있다. 똑같은 무감각이 이런 과용을 모른 채 살아가게 만든다. 여러 나라 통계로 볼 때 의사들은 염분 과잉섭취가 고혈압의 높은 발생율과 연관이 있다고 말한다. 저염 섭취지역에 사는 부족은 나이가 들면 실제로 혈압이 떨어지는 경향이 있다. 백인에게는 염분 과잉 섭취가 고혈압의 원인으로 알려져 있지만, 모두에게 그런 것은 아니다. 그러므로 염분 과잉 섭취는 결핍보다 악영향이 그리 크지 않고 즉각적이지도 않다. 지금까지 이에 대한 경고가 많이 있어 왔지만, 우리 식습관은 그리 크게 변화하지 않았다.

바다에서 먹이를 먹는 유인원은 염분 환경에 적응할 비교적 좋은 조건을 가졌을 것이다. 그들은 다른 종에 비해 염분을 배출할 수 있는 에크린선을 이미 많이 가지고 있다. 또한 필요하다면 에크린선의 수와 염분 배출량을 늘리는 것만으로도 문제 해결이 충분했을 것이다. 염분 결핍이 더 이상 경계해야 할 위험이 아니었으므로, 이에 대응하는 본능도 당연히 잃어버렸을 것이다.

육지로 막힌 바다가 점차 줄어들면서 바닷물의 염분이 더 높아지자 수생유인원은 아프리카 지구대의 물길을 따라 남쪽으로 이동하지 않으면 안 되었다. 이제 그들은 또 다시 육상 생활로 돌아갈 준비가 되어 있었지만 아포크린 땀샘이 거의 없어져 버렸으므로 더 이상 선택의 여지가 없었다. 에크린선이 아포크린선의 공백을 메우기 위해 단지 두 가지 변형이 필요했다. 하나는 염분 대신 열에 대응하도록 적응한 것이며, 다른 하나는 나트륨의 배출을 허용한도 내에서 억제하는 것이었다.

9. 우리 몸의 지방

'아주 살찐 원숭이를 보면 마른 사람을 보는 것 같다.'

캐롤라인 폰드(Caroline Pond)

알리스터 하디(Alister Hardy)라는 젊은 해양생물학자는 1930년 남극탐사에서 돌아와 유명한 해부학자 프레데릭 우드 존스(Frederick Wood Jones)의 저서를 우연히 보게 되었다. 그 책에서 다음과 같은 글을 읽었다.

'피부와 피하 근막과의 독특한 관계는 구분이 뚜렷해서 인간이나 다른 영장류의 피부를 자주 조사해 본 사람에게는 익숙하다. 피부에 붙어 있는 피하지방층은 인간에게만 뚜렷해서 털이 없어진 것과 관계가 있을지도 모른다. 이유는 몰라도 다른 요소가 없다면 이는 인간과 침팬지 사이에 존재하는 기본적 차이임에 틀림없다.'

하디는 이 내용을 읽고 충격을 받았다. 왜냐하면 피하지방층은 그의 직접적 경험으로는 대부분 해양 포유동물에게 모두 나타나는 공통된 특성이었기 때문이다.

　물론 이런 사실은 생물학자라면 다 알고 있는 것이다. 그러나 하디는 한걸음 더 나아가 상상력을 발휘했다. 인간의 조상이 고래나 물개, 펭귄, 돌고래, 하마와 같은 방식으로 진화과정 중 일정 기간을 수생 환경에 적응하면서 지방층을 형성했을지도 모른다는 과감한 결론에 도달한 것이다. 그는 수생 환경에의 적응이 인체해부학에서 아직 설명되지 못한 인류의 여러 특성을 동시에 설명할 수 있을지도 모른다고 생각했다. 지방층은 사바나 이론에 비판적인 초기 주장 근거 중 하나였다. 사바나 지역에 사는 초기 인류에게 지방층이 유리하다는 논거는 그리 설득력 있어 보이지 않았다. 먹이를 쫓거나 천적으로부터 달아나는데 여분의 몸무게는 우리를 굼뜨게 할 수밖에 없기 때문이다.

　그렇다면 지방층이 왜 생겼을까? 이 의문은 각 개인의 지방층 편차가 다양하여 무시당하기 쉽다. 사람 중 일부는 뚱뚱하고 일부는 그렇지 않다. 날씬한 사람이 기준이며 자연스러운 것이라는 무언의 합의가 있다. 만약 누군가가 이 기준을 넘어서 뚱뚱하다면 그는 탐욕스럽거나 게으르거나 신진대사에 문제가 있다는 식이다. 큰 두뇌와 달리 뚱뚱함은 그다지 찬사받는 인간의 속성이 아니다. 이는 표준 인간의 설계도로부터 병리학적으로 벗어난 것이며 가능하면 치료해야 할 문제로 생각한다.

　그렇다면 인간의 피하지방이 단순히 많이 먹어 생긴 문제가 아니라 인간의 특별한 진화적 속성이 아닌지 먼저 짚어보는 것이 필요하다. 이를 검토하기 위해 대식가라고 비난받을 염려가 전혀 없는 인간, 즉 갓 태어난 아기를 한번 살펴보기로 하자.

　임신 30주 정도가 지나면 태아의 성장 방식은 변하기 시작한다. 그때까지 빨랐던 골격 형성이 느려지는 대신 지방이 집중적으로 축적된다.

어떤 지방은 보통 포유동물처럼 콩팥 주위 등 신체 깊은 곳에 축적되지만, 몸 전체에 걸쳐 피부 아래에도 축적된다. 이는 육상 포유동물에게서는 찾아볼 수 없는 특성이다.

임신 30주에서 40주 사이에 지방 양은 30그램에서 430그램으로 급격히 늘어난다. 기간이 다 차면 지방은 아기 몸무게의 16%에 달한다. 이는 갓 태어난 개코원숭이 새끼의 지방 비율이 3%에 불과한 것과 비교된다. 아기가 태어날 때 지방을 많이 가질수록 생존 가능성은 더욱 커진다. 게다가 지방 축적은 두뇌와 마찬가지로 태어나서 몇 개월까지는 급속하게 늘어난다. 이는 우리 인간 아기를 두뇌 크기보다 더 뚜렷하게 그리고 털 없는 것과 함께 다른 유인원 새끼와 구별해주는 외모상 특징 중 하나이다. 태어난 지 1주된 아기는 털이 없고 통통하지만 1주된 고릴라나 침팬지는 털이 많고 비교적 수척할 정도로 말랐다.

아기에게 지방층을 형성하는 것은 다른 유인원들과 달리 임신 후반기와 수유기 동안 인체에 많은 부담을 준다. 성장하는 태아에게 영양분을 공급하기 위해 어머니 혈액에서 지방 비율은 50% 이상까지 증가한다. 이를 위해 어머니는 임신 최종 단계에서 자신을 위한 영양 공급을 14% 늘려야 한다. 수유기에는 24% 이상 늘려야 한다. 만약 그렇지 못하면 지방과 칼슘 그 밖의 모자라는 영양소는 무엇이든지 자신의 몸에서 빠져나간다. 자연은 거의 언제나 후손 편이다. 아무리 임신 중에 영양 공급이 모자라도 태어나는 아기의 몸무게가 10% 이상 줄어드는 일은 발생하지 않는다.

그러나 가임 여성의 영양에 심각한 문제가 있다면, 건강한 아기를 낳을 확률이나 임신 중 자신이 생존할 확률이 거의 없어진다. 가임 여성의 지방 축적이 일정 비율 이하일 때는 임신을 하지 않는 것이 위험 상황을 방지하는데 도움이 된다. 16살 소녀는 몸무게의 27% 정도가 지방이지만, 이 비율이 22% 이하로 떨어지면 월경이 중지된다.

이는 식욕감퇴 증상이 있는 여성, 영양실조로 아프거나 쇠약한 여성뿐만 아니라 과잉 지방을 제거할 필요가 있는 발레리나와 운동선수처럼 건강하고 활동적인 여성에게도 적용된다. 만약 몸무게가 다시 늘어나면 월경 주기가 정상화된다.

따라서 보통 유인원보다 과도한 지방 비율은 우리 인간에게는 병이 아니고 도리어 생존에 중요하다는 것이 명백하다.

오늘날 선진국 사람들은 자연선택이 인간에게 필요하다고 제시한 최소 지방 비율을 걱정할 필요가 거의 없다. 그러나 자연은 우리에게 최대 한도를 분명히 정해주지 않았다. 따라서 많은 걱정 근심이 생기고 있다. 만약 말, 늑대, 치타, 캥거루 등을 우리에 가두고 운동할 기회를 거의 주지 않으면서 음식을 필요 이상으로 많이 준다면 뚱뚱해질 수 있다. 그러나 몸무게가 3배, 4배씩 늘어나는 일은 벌어지지 않는다. 유인원을 가두어 두면 배가 볼록해지지만 뺨이 부풀어오르고 엉덩이가 뚱뚱해지고 팔이 늘어지며 상반신이 커지고 허벅지가 살찌는 경우는 생기지 않는다.

그러나 인간은 주된 지방 저장소 중 하나가 바로 피부 아래이므로 이러한 현상이 발생한다. 대부분 포유동물은 주된 저장소가 신체 내부로 지방 팽창이 신체와 흉곽으로 제한되어, 저장 결과가 그리 눈에 띄지 않는다. 그러나 인간의 피부는 탄력성이 커서 지방을 축적하는 데 거의 제한이 없다.

또 하나 주목할 점은 우리가 가진 지방세포의 숫자이다. 지방세포는 비어 있을 때는 납작하지만 한번 부풀어오르면 구형이 되어 원래 크기의 3배까지 팽창할 수 있다. 따라서 우리가 얼마나 뚱뚱해질 수 있느냐를 결정하는 주요 요소는 우리가 가진 지방세포의 숫자가 된다.

191종의 포유동물을 조사한 결과 일반적으로 육식동물이 초식동물에 비해 몸무게 당 지방세포 비율이 더 컸다. 그러나 밀튼 케인즈(Milton

Keynes)에 있는 개방대학교(Open University) 생물학과 캐롤라인 폰드(Caroline Pond) 교수는 조사 보고서에서 다음과 같은 놀라운 사실을 언급하였다.

'다른 포유동물과 아무리 비교해 봐도 인간은 무언가 특별한 존재임에 틀림없다. 신체 질량 비율로 볼 때 인간은 야생이나 우리에 갇힌 다른 동물에 비해 최소한 10배나 많은 지방세포를 가지고 있다. 오소리, 곰, 돼지, 낙타와 같은 유명한 뚱보들도 인간에게는 대적할 수 없다. 일반적인 경향을 뛰어넘는 면에서 단지 고슴도치와 수염고래만이 인간에게 필적할 뿐이다.'

고슴도치와 수염고래는 여분의 지방세포를 필요로 하는 두 종류의 포유동물, 즉 동면을 하는 동물과 수생동물을 대표한다. 우리 조상이 동면 시기를 거쳤으므로 다른 동물보다 10배나 많은 지방세포를 지니게 되었다고는 아무도 생각하지 않을 것이다. 동면 동물은 단지 계절적으로 즉 겨울잠을 자기 전에만 뚱뚱해진다. 반면 우리는 연중 계절에 관계없이 지방을 가지고 있다. 그러므로 동면 동물을 제외한다면 그림은 분명해진다. 여분의 지방 세포는 우리가 바로 수생 포유동물과 공유하는 특징 중 하나인 것이다.

우리와 같은 크기인 육상동물의 10배에 이르는, 또 우리가 현재 필요한 숫자의 10배에 이르는 약 250억 개의 지방세포를 가지고 있는 것에는 반드시 이유가 있을 것이다. 우리 진화과정의 한 단계에서 필요성과 유용성이 있었기 때문에 획득되었음이 틀림없다. 피할 수 없는 결론은 과거 어떤 단계에서는 우리 조상이 현재의 우리보다 훨씬 더 뚱뚱했으리라는 것이다.

요즈음 뚱뚱한 사람들은 날씬하고 유연한 우리 조상의 타락한 상속인인 것처럼 일종의 죄의식을 종종 느낀다. 자신을 퇴보하게 만들어 우리의 상속 유산을 저버린 것처럼 보이기 때문이다.

그러나 뚱뚱한 사람들은 저버리지 않았다. 상속 유산이 그들을 저버린 것뿐이다. 그들은 다른 유인원과 달리 뚱뚱해질 능력을 가지고 세상에 나온다. 만약 과도한 지방세포가 없었더라면 뚱뚱해지지 않았을 것이다. 지방세포의 1/10만 갖고 있었다면 이들을 다 채우고 난 후 나머지 과잉 칼로리는 체온 상승으로 사용하거나 배설되거나 오줌의 당분으로 배설됨으로써 더 이상 복부나 엉덩이에 축적되지 않았을 것이다.

에어로빅 클럽의 강사들은 고객들에게 달성해야 하는 몸무게를 어떤 수치로 제시한다. 그들은 고객들이 목표를 설정하고 자연스러운 날씬함을 유지할 수 있도록 격려한다. 그러나 자연은 날씬한 사람 편이 아니라는 게 슬픈 현실이다. 처음 반 정도 몸무게를 줄이고 난 후에는 신진대사와 칼로리가 소모되는 비율이 점차 느려져 나머지 반의 몸무게를 줄이는데 훨씬 더 힘들게 된다. 이는 자연스러운 현상이다. 만약 우리가 목표를 달성한다면 우리는 자연의 도움이 아니라 유전적 설계를 극복한 강인한 결심으로 성공한 것이며, 이는 당연히 상을 받을 만하다.

왜 우리 중 누구는 살이 찌고, 누구는 같은 양을 먹어도 살이 찌지 않는지 아무도 모른다. 다만 우리가 말할 수 있는 것은 인간의 몸무게를 조절하는 방식은 염분 균형을 제어하거나 체온을 조절하는 방식처럼 그 기능면에서 신뢰할 수 없다는 것이다. 바로 이런 점에서 인체는 다른 대부분 포유동물과 달리 지금 즉시 필요로 하는 것에 빠르고 적절하게 대응하지 못하고 있다.

우리가 피하지방층을 가짐으로써 감당해야 하는 또 하나 불리한 점은 1955년 피터 메다와(Peter Medawar)가 말한 '인간 피부의 상처 치료에 대한 끔찍할 정도의 부적응성'이라고 할 수 있다.

포유동물은 일반적으로 피부가 신체에 매우 느슨하게 붙어 있다. 애완견을 쓰다듬어 본 사람이면 누구나 쉽게 알 수 있듯이 피부가 밑의 살과 떨어져 앞뒤로 움직인다. 또한 포유동물은 피부에 근육이 있어 독립적으로 피부를 움직이는 동작이 가능하다. 말이 파리가 간질이는 부분의 피부를 움직여 파리를 쫓아내는 것을 볼 수 있다. 인간은 표정 변화를 위한 얼굴 근육을 제외하고는 이러한 피부 내 근육이 거의 없어져 버렸다.

수컷 고양이가 싸움을 한 후 피부에 손상을 많이 입고 상처를 핥으면서 쉬고 있는 것을 볼 수 있다. 그러나 피가 더 이상 흐르지 않고 상처의 가장자리가 나란하다면 상피세포의 얇은 막이 안쪽으로 이동하여 피부가 봉합될 때까지 서로 끌어당기게 된다. 따라서 흉터 없이 금방 낫게 된다. 토끼의 경우 100cm² 정도 되는 심한 피부 손상이 있어도 자연스럽게 치유되어 흉터가 거의 남지 않는다. 그러나 인간이라면 피부 이식이 필요할 정도의 큰 상처에 해당한다.

인간에게 있어 피부는 지방층과 일체화되어 있다. 이것이 상처의 자연 치유를 어렵게 만든다. 우리는 뺨에 난 상처는 '찢어졌다'고 하지만, 넓적다리 상처는 '입을 벌렸다'고 한다. 지방층이 두꺼울수록 상처의 틈새가 더 벌어진다. 이것이 우드 존스 교수가 시신을 해부할 때나 알리스터 하디가 상처 난 물개를 보았을 때 받은 인상이다. 살찐 환자를 수술해야 하는 외과 의사들에게 과잉 지방은 난처한 일임에 틀림없다. 메다와는 다음과 같이 말했다.

'새로운 해부학적 구성 결과 구축(拘縮, 반복되지 않는 자극에 의해 근육이 지속적으로 오그라든 상태 – 역자주)이 상처 가장자리 봉합의 효율적인 방식이 되지 못하고 수축, 훼손, 변형을 통해 오히려 위협이 되고 말았다. 따라서 인간 피부의 상처를 치유하는 방법은 맹장처럼 퇴화하는 신세가 되고 말았다. 우리는 이 사실을 문제가 되고 나서야 알게 되었을 뿐이다.'

요즘은 보통 상처가 생기면 병원에 가서 꿰매거나 상처가 심할 경우 피부 이식을 하는 것이 일반적인 방식이라, 우리는 거의 이러한 사실을 알기 어렵다. 그러나 원시시대에는 치료받지 못한 상처가 낫지 않아 심각한 장애의 원인이 되었다. 그렇지 않다면 피가 흐르지 않게 죄고 움직이지 않도록 잡아맴으로써 깊은 흉터를 남겼을 것이다. 해양 포유동물도 유사한 어려움을 겪고 있을 것이다. 플로리다에 사는 해우 종류인 매너티는 서식지를 침범한 레저보트의 수중 프로펠러에 피부를 다치는 경우가 종종 있다. 사고에서 가까스로 살아남더라도 상처가 쉽게 아물지 않고, 색소를 지닌 외피가 다시 회복되지 못한 채 큰 하얀 흉터가 남게 된다.

메다와의 다음과 같은 마지막 언급은 우리가 자주 들어온 말이다. '인간이 이처럼 새로운 피부조직을 가짐으로써 보상으로 얻은 유리한 점은 믿기 어렵겠지만 거의 없는 것 같다.' 육상에서 유리한 점은 정말 없지만, 수생 포유동물에게는 적어도 보온과 부력이라는 두 가지 지방층의 유리한 점이 있다.

피하지방은 대기 중에서는 털보다 보온 효과가 떨어지지만 물속에서는 그 효과가 매우 높다. 숄란더(P. F. Scholander)와 동료들은 1950년 극지방에 사는 포유동물인 물개와 북극곰의 체온 보존에 대한 연구를 수행한 적이 있다. 물개는 물속에서 대부분 시간을 보내므로 얇은 털과 두꺼운 지방층을 갖고 있다. 반면 북극곰은 대부분 육상에서 생활하므로 두꺼운 털을 가지고 있지만 동면할 때를 제외하고는 피하지방이 별로 많지 않다. 북극곰은 물속에 들어갈 때 육상에서보다 50% 더 빨리 체온을 잃지만, 물개는 같은 상황에서 체온 손실 속도가 육상에서보다 5% 늘어나는 데 그친다.

물속에서 보온 목적을 달성하기 위해 수생동물은 지방조직이 신체의 많은 부분을 차지하고 있다. 또한 분포도 육상동물과 다르다. 물에 사는 종은 육상에 사는 종에 비해 콩팥이나 장 주위의 내부 지방 축적이 줄고 피하지방 축적이 크게 늘어나는 경향을 보인다. 예를 들어 말과 같은 육상 포유동물은 신체 지방의 50%가 복부에 있지만, 물개처럼 바다에 사는 종은 내장 등 특정 장소에 축적되는 지방이 거의 없는 대신 피하지방이 크게 늘어난다.

인간은 지방 분포가 고래나 물개 정도는 아니지만 유사한 방향으로 진화하였다. 즉 내부 지방 조직도 여전히 가지고 있지만, 피하 지방이 크게 발달했다. 고양이와 개는 피부가 그 아래에 있는 근육조직 위를 잘 미끄러질 수 있도록 피하지방이 윤활제처럼 단지 얇은 막을 이루고 있을 뿐이다. 따라서 천적이 공격했을 때 고양이나 개에게 깊은 상처를 입히지 못하고, 한 움큼의 털이나 피부만을 얻은 채 끝나버리기 마련이다.

반면 인간은 신체 지방의 30~40%가 피부 아래에 있다. 포유동물 지방 조직의 해부학적 분포에 대해 많은 성과를 거두었던 캐롤라인 폰드는 다음과 같이 말했다. '인간의 사지에 있는 피하지방의 역학적 또는 보온 기능이 무엇인지 알기 어렵다. 사지의 관성을 증가시켜 사실상 동작을 방해할 뿐이다.' 그러나 물속에서는 보온 기능을 한다.

수생동물에게 지방의 또 다른 장점은 부력을 제공하는 것이다. 우리 신체 조직 중 지방과 살은 밀도가 달라 대기 중에서는 무게가 같더라도 물속에서는 무게가 다르다. 살코기는 물에 가라앉지만 지방 덩어리는 물에 뜬다. 수영선수는 남보다 앞서기 위해 지방을 없애려 애쓰는 다른 운동선수들과는 처지가 조금 다르다. 해양 포유동물 중 흰고래처럼 표면에서 먹이를 잡는 동물은 보온만을 위해 필요한 지방보다 50배나 많은 지방을 갖고 있다. 반면 바다코끼리는 주로 해저에서 먹이를 찾으므로 그리 큰 부력을 필요로 하지 않는다. 따라서 추운 지방에 살아도 지방층이 상대적으로 얇고 계절과 먹이 공급에 따라 두께가 변한다. 죽은 고래는 뜨지만 죽은 바다코끼리는 가라앉는 것도 바로 이런 이유 때문이다.

이와 같이 지방이 육상 유인원에게는 동작을 둔하게 하고 에너지 비용을 발생시키는 부담으로 작용하지만 수생 유인원에게는 장점으로 작용한다. 열 손실을 방지하고 큰 노력을 들이지 않아도 떠 있도록 해줌으로써 에너지 비용을 절감시켜 주는 것이다.

10. 피하지방이 생긴 이유

'육상동물은 상대적으로 얇은 피부를 갖고 있다. 우리 피부와 근육 사이의 피하지방은 딴 동물에서는 보기 드문 연속된 두꺼운 층이다.'

소콜로프

수생가설(aquatic hypothesis)을 인정하지 않는 사람들은 피하지방 문제를 설명할 다른 방도를 찾아야 했다. 가장 손쉬운 것은 수생가설 자체를 무시하는 것이었다. 6장 초반에 언급했던 자연인류학 교재 2권은 털이 없는 것에 대해 단 몇 마디라도 언급했지만, 피하지방에 대해서는 한마디도 언급하지 않았다. 이는 메다와가 이야기했듯이 과학자들은 답이 어렴풋하게라도 보이기 전에는 절대 자문하지 않는다는 원칙을 다시 한번 확인시켜준다.

지방층이 에너지 저장을 위해 진화한 실례로 곰, 마못쥐, 고슴도치, 겨울잠쥐처럼 피하지방으로 축적하는 동물이 있다는 주장이 있다. 이 동물들은 모두 동면을 하는 동물로 지방층이 계절에 따라 발달한다. 이들은 겨울이 춥고 먹이를 구하기 힘든 지역에 살고 있다. 따뜻한 지방에 사는 동물이 에너지 저장이 필요하다면, 적어도 이동에 지장이 없는 특별한 곳에 저장을 한다. 예를 들어 낙타의 혹, 양과 도마뱀의 꼬리 같은 곳이다. 그러나 이런 전략은 인간에게는 해당되지 않는다.

무엇보다 저장 이론은 왜 사바나에 사는 한 종류의 유인원에게만 에너지 저장이 필요했는지 설명하지 못한다. 또 지방층이 아기일 때 왜 가장 두꺼운지도 설명하지 못한다. 어머니가 수유하는 아기의 성장 단계에서 영양 공급에 어려움을 겪을 위험성이 유인원보다 인간에게 더 크다고 믿을 만한 근거는 없다.

사바나 이론의 관점에서 보면 아기의 지방은 어떤 면에서 가장 이해할 수 없는 일이다. 털 없는 아기에게 갑작스러운 추위에 대한 방비가 특별히 필요했다고 할 수도 있다. 그러나 자세히 보면 이것도 적절한 설명이 되지 못한다.

지방에는 갈색지방과 백색지방 2종류가 있다. 갈색지방은 더 많은 혈액 공급을 받으므로 색깔이 어둡다. 이것은 모든 어린 포유동물에서 발견되는 특별한 형태의 지방이며 열을 빠른 시간 안에 공급하는 기능을 한다. 아기가 처음 태어났을 때는 떠는 행동을 통해 체온을 올릴 수 없으므로 체온 유지를 위해 필요한 지방이라고 할 수 있다. 갈색지방은 빠른 속도로 연소되어 열로 전환될 수 있으므로 체온 저하에 즉시 반응할 수 있다. 반면에 백색지방은 성체 포유동물에 더 많은데 안정되고 잘 연소되지 않아 체온 저하에 즉시 반응하지 않는다. 백색지방은 몸의 칼로리 섭취가 부족하여 사용된 에너지를 보충할 수 없을 때 비로소 소비되는 지방이다.

인간의 아기가 털이 없어 추위에 견딜 수 있도록 지방을 많이 가지게 되었다면 응당 대부분의 지방세포는 갈색지방이어야 할 것이다. 그러나 실제는 그 반대다. 적당한 정도의 갈색지방을 가지고 태어나지만 동시에 상당량의 백색지방도 보유한다. 이는 매우 이례적인 현상이다. 아기는 태어나서 3~4개월이 지나면 모든 갈색 지방이 성숙한 형태의 백색지방으로 재빨리 변환된다. 백색지방은 물속에서는 보온과 부력 유지에 좋지만 체온을 즉시 올리는 데는 극히 불리하다.

현재 에너지 저장 이론보다 더 인기 있는 이론이 있다. 지방층 피부의 진화가 체온을 조절하는 다단계 전략의 일환으로 이루어졌다는 것이다. 먼저 고대 유인원이 사냥꾼이 되었으며, 사냥할 때 체온이 높아져서 냉각을 위해 털이 없어졌다. 그리고 밤의 추위를 극복하기 위해 보온을 위한 지방층이 형성되었다. 이 때문에 다시 더워지자 냉각을 위해 땀을 많이 흘리도록 진화했다는 이론이다.

이 이론은 상황에 따라 조금씩 변한다. 어떤 경우 사냥꾼이 아니라 채집자가 되기도 한다. 또 다른 경우 땀이 먼저 생기고 땀이 잘 증발할 수 있도록 털이 없어졌다고도 한다. 그러나 어떤 경우에도 유인원을 포함하여 다른 사바나 동물들은 체온 조절을 잘 하고 있는데, 왜 유독 인간만이 복잡한 체온 조절 방식을 택하였는지에 대해 만족스러운 답을 주지 못하고 있다.

전반적으로 사바나에서 인류의 지방층이 진화되었다는 개념은 속성상 가능성이 희박하였으므로, 보완할 필요가 있었다. 드디어 피하지방이 사바나에서 진화한 게 아니라 훨씬 이후인 농경시대에 비로소 나타났을 것이라는 추정이 나왔다. 농경시대에 탄수화물 섭취량이 증가하자 인간은 더 이상 평원에서 먹이를 쫓아다닐 필요가 없어졌고 몸무게를 늘려도 되는 여유를 갖게 되었다는 것이다.

그러나 인간이 잉여 농산물을 광이나 용기에 저장하는 방법을 알았다면 구태여 피부 밑에 지방을 저장할 필요가 없었을 것이다. 더욱이 농업경제를 한 번도 실행해 본 적이 없는 현재 원시 부족의 젊은 여성은 여느 인류와 마찬가지로 풍만한 가슴과 팔다리를 가졌고, 아기도 통통하다. 또한 뚱뚱한 넓적다리와 엉덩이, 복부를 가진 구석기시대 비너스 여성상은 아직 동식물을 기르기 전에 제작된 것이다.

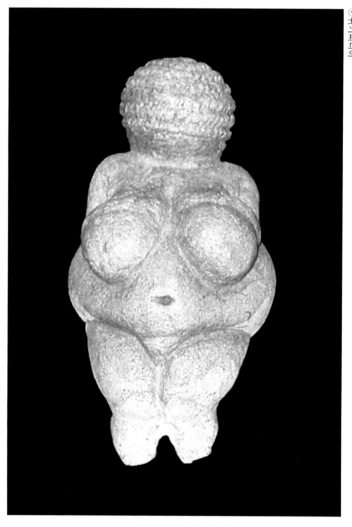

구석기시대 비너스 여성상

지방층의 형성 원인에 대한 이론 가운데 수생이론이 아닌 마지막 것은 지방층이 여성에게서 먼저 진화했다는 것이다. 여성을 남성과 더 쉽게 구분하고, 여성이 남성에게 매력적으로 보이게 하기 위함이었다는 이야기다. 여성은 이런 새로운 장점을 아들과 딸에게 물려주게 되었다는 것인데, 수정되기는 했지만 더 빈약한 이론으로 보인다.

의심할 바 없이 이성 간에는 지방조직의 양과 분포에 있어 많은 차이가 있다. 여성의 지방 비율은 남성보다 보통 2배 정도 많다. 가슴과 엉덩이 등 성적 특성을 나타내는 지방 축적과 별개로, 여성의 경우 지방이 몸 전체에 걸쳐 대체로 균일하게 분포하는 경향이 있다. 그러므로 뚱뚱한 여성은 몸 전체에 살이 찌지만, 뚱뚱한 남성은 보통 남성 특유의 방식으로 살이 찐다. 남성은 올챙이배처럼 지방이 복부에만 집중적으로 축적되는 경향이 있다. 이때에도 디킨즈 소설에 나오는 픽윅(Pickwick) 씨처럼 팔다리는 여전히 가는 상태로 있는 경우가 많다.

그러나 피하지방이 성적인 매력을 위한 특성으로 처음부터 진화했다는 주장에 반하는 강력한 증거가 있다. 성적인 매력은 전반적으로 성적인 차이에 대한 표시도 되지만 성적인 성숙도도 나타낸다. 어린 동물에게는 갈기나 뿔, 번식기에 생기는 깃털 등이 없으며 이런 것들은 사춘기가 되어서야 나타난다. 원래 목적이 남성의 성적인 관심을 유발하는 것이라면, 어째서 인간 아기가 몸 전체에 그렇게 많은 지방을 축적하게 되었는지 설명이 안 된다.

여성의 추가 지방에 대해서는 성적인 면보다 실용적인 면으로 설명하는 것이 더 적합할 것이다. 임신하고 아기에게 모유수유를 해야 하는 어머니는 신체적으로 더 많은 부담을 가진다. 만약 이 기간 중 일정 시점에 어머니의 영양 섭취량이 필요한 양보다 불충분하면, 자신의 백색지방이 아기의 건강 유지를 위해 공급될 수 있다.

원시시대 인간에게 자식 출산과 양육은 여성의 일생에서 가끔 있는 일이 아니었다. 실험실 유인원은 일반적으로 태어나서 1년이 지나면, 또는 적어도 2년 안에 어미에게서 젖을 뗀다. 그러나 야생에서는 보통 수유가 더 길어진다. 새끼가 젖을 떼거나, 또는 우연히 죽게 되면 발정기가 바로 시작된다. 그러나 발정기는 길지 않다. 평균 3~4번의 발정기만 지나면 어미는 다시 임신하게 된다. 따라서 이 짧은 기간만 제외하고, 어미는 대부분 생애기간 동안 새끼의 영양 공급을 책임져야 하므로, 남성과 달리 백색지방을 지속적으로 저장할 필요가 있다.

유인원은 임신과 양육을 죽을 때까지 쉬지 않고 반복한다. 그러나 인간 여성에게는 폐경이 있다. 자연에서는 매우 드문 현상인 폐경이 왜 여성에게 생겼는지 아무도 확실히 모른다. 다만 최근에 고래나 돌고래에 이런 현상이 있다는 사실이 밝혀졌을 뿐이다.

폐경이 신체적 긴장을 감소시켜 여성의 활기찬 노년 생활을 연장해준다는 주장이 있다. 어린이가 성숙하기 위해서는 매우 긴 시간이 필요하기 때문에, 인간의 성공은 획득된 지식과 기술을 차세대에 전수하는 독특한 능력에 달려 있다. 아이들을 기르는데 도움을 줄 수 있는 경험 많은 비양육여성이 있다면, 인간이 후손을 양육하는 데 틀림없이 유리하게 작용했을 것이다.

더 이상 아이를 임신하거나 젖을 물릴 필요 없는 폐경기가 될 무렵이면, 일반적으로 인종을 불문하고 모든 여성의 몸무게가 늘어나며 신체 조직의 지방 비율도 높아지는 특이한 경향을 보인다.

그러나 지방조직이 보온과 부력 외에 추가 기능을 갖는다는 것이 이제는 많이 밝혀졌다. 몸에 필요한 에너지원을 지속적으로 공급하는 활동 이외에도 지방조직은 스테로이드 호르몬을 저장할 수 있다. 또한 혈액을 통해 순환하는 여성 성호르몬인 에스트로겐의 양과 효능에 영향을 미친다.

에스트로겐은 2가지 형태를 갖는데 하나는 비교적 불활성 한 것이며 다른 하나는 높은 활성을 보이는 것이다. 마른 여성의 경우 불활성 형태가 높지만 통통한 여성의 경우는 활성 형태가 더 높다. 또한 통통한 여성의 경우 에스트로겐이 혈류를 따라 더 잘 순환된다. 1975년까지는 에스트로겐이 난소에서만 만들어지는 것으로 알았는데, 이후 여성 혈장에 낮은 수준으로 있는 남성호르몬 안드로겐을 지방세포에서 에스트로겐으로 전환할 수 있다는 사실이 밝혀졌다.

중년에 체중이 불어나지 않도록 많은 여성들이 애를 쓰는데 사실 중년의 체중 증가는 이롭게 진화해왔다고 생각할 수 있다. 뚱뚱하다는 것은 에스트로겐을 만드는 보조원인 피하지방이 충분하다는 것을 의미하기 때문이다. 난소가 기능을 멈추었을 때 중년 체중 증가는 금단 증상을 완화해준다. 에스트로겐 분비의 갑작스런 중지 대신 수치가 점차적으로 줄어들도록 함으로써 신체가 이에 잘 적응할 수 있게 해주기 때문이다.

오늘날 대부분 선진국 사람들은 예전보다 지나치게 많이 먹고 마시지만 운동은 거의 하지 않는다. 이러한 상황에서 우리 신체는 필요 이상으로 빠르게 비만해져서 문제를 일으킨다. 이런 현상은 건강과 근로 의욕에 악영향을 미치기 때문에, 몸에 대한 관심이 최근 부쩍 높아졌다.

최근의 날씬한 몸매 열풍은 한 가지 공헌을 했다. 대부분 과학자가 예전에는 회피했던 주제를 지금은 활발한 연구대상으로 삼게 된 것이다. 1970년대에는 동물해부학 교과서의 500쪽이 넘는 내용 중 단 1쪽만이 지방조직을 설명하는 내용으로 채워졌다. 그 결론도 '이에 대해 더 이상 언급할 필요가 없는 것 같다.'였다.

그러나 이에 대해 더 연구하고자 하는 과학자는 처음부터 어려움에 봉착한다. 바로 대부분 육상 포유동물, 특히 실험 관찰용으로 적합한 동물들의 지방조직 분포가 인간과 다르다는 점이다. 예를 들어 흔한 쥐만 해도 몸의 2% 정도만 지방이며, 아무리 먹여도 살이 찌도록 하기 힘들다는 것이다.

그래서 상당 기간 실험용 변종인 '살찐 쥐'를 대상으로 연구가 집중적으로 진행되었다. 살찐 쥐처럼 비정상적인 쥐로부터 얻은 결론을 완벽하게 정상적인 사람에게 적용할 수 있다고 믿었다. 예를 들어 태어난 지 3개월 미만인 살찐 쥐가 어미젖을 과도하게 먹거나 너무 일찍 젖을 떼고 고형 음식을 먹게 되면 지방세포가 늘어나 한 배의 새끼들보다 뚱뚱해졌다. 이 실험 결과를 바탕으로 아기에게 젖을 너무 많이 주지 말고 성급하게 고형 음식을 먹이지 말라는 권고가 여성들에게 주어졌다. 뚱뚱한 십대들은 그들의 죄 많은 어머니에게 책망의 눈길을 돌렸고, 어머니가 자기를 이렇게 불행하게 만들었다고 불평했다.

나중에 살찐 쥐에서 얻은 실험 자료가 인간에게는 적용될 수 없다는 사실이 밝혀졌다. '고형 음식이나 병에 담긴 음식을 일찍부터 먹이는 것이 아기를 살찌게 할 위험을 높이지는 않으며, 걱정하는 부모에게 이 점을 재차 확신시켜 주어야 한다.'는 선에서 수정안이 발표되었다.

인간은 명백히 특별한 경우다. 인간을 연구 대상으로 삼기 위해서는 장기간의 계획이 필요하고 결과가 천천히 나타난다는 문제를 감수해야 한다. 지나치게 뚱뚱한 사람은 일반적으로 병들거나 죽을 확률 특히 심장마비, 뇌졸중과 같은 심장혈관 질환에 걸릴 확률이 높아진다는 것이 의사들의 일치된 견해였다. 따라서 사람들이 뚱뚱할수록 이런 상황을 겪을 확률이 높아지고, 그 반대의 경우도 성립한다는 결론이었다.

그러나 이런 사실을 증명하는 것은 쉽지 않았다. 하지만 과학의 주요 기능은 바로 우리가 안다고 믿는 사실을 검증하는 것이 아닌가? 마침내 1967년 독일 괴텐부르그(Göthenburg)에 사는 54세의 남성 주민 782명을 무작위로 골라 검증 작업이 시작되었다. 키, 몸무게, 혈압, 콜레스테롤 수치, 허리와 엉덩이 둘레 등을 포함한 신체 치수가 자세히 기록되었다. 그리고 1973년과 1980년 두 차례의 검사를 통해 이들의 13년간 개인 병력을 완벽하게 추적·검토하였다.

검증 결과 신체질량지수라는 키 대비 몸무게 비율로 볼 때 뜻밖에도 가장 살찐 집단의 남성이 조기 사망 위험이나 관상심장병(coronary heart disease, 지방의 과다 섭취 등의 원인으로 혈관이 막혀 발생하는 질병 – 역자주)에 걸릴 위험이 가장 낮았다. 그리고 키 대비 몸무게 비율로 볼 때, 가장 마른 집단이 가장 높은 위험군으로 나타났다. 이는 연구자들이 기대한 결과와 정확히 반대의 결과였던 것이다.

연구 결과는 수치에 대한 상세한 분석을 거친 후에야 비로소 의미를 갖기 시작했다. 가장 결정적 요인은 신체 지방의 전체 양이 아니라 지방의 분포 형태라는 사실이 밝혀졌다. 고위험군은 적당히 마른 다리와 엉덩이를 가졌지만, 복부에 신체 지방이 몰려 있던 남성들이었다. 이는 1960년대 프랑스 생리학자 베이그(Vague)가 남성형 그룹으로 지칭했던 분포 형태다. 저위험군은 가장 몸무게가 나가는 남성들이었지만, 그들의 체지방은 몸 전체에 다소 고르게 퍼져 있는 여성형 그룹이었다.

유사한 연구가 독일과 프랑스 여성에 대해서도 수행되었고, 그 결과도 같은 내용을 뚜렷하게 보여주었다. 즉 남성형 지방 분포를 갖는 여성들이 여성형 지방 분포를 갖는 더 뚱뚱한 여성들에 비해 위험도가 높았던 것이다.

복부 비만이 허벅지나 엉덩이 비만에 비해 건강에 왜 더 나쁜가에 대한 설명은 아직까지 추정일 뿐이다. 그중 하나가 복부의 지방세포에서 발생한 지방산이 간문맥을 통해 간으로 들어가 과중한 부담을 준다는 것이다. 반면 허벅지에서 발생한 지방산은 몸 전체를 돌아 우회적으로 간에 들어가는데, 이때는 이미 저농도로 변해 있다는 것이다.

괴텐부르그 연구에서 얻은 교훈은 적어도 여성의 경우 몸무게가 더 나가는 것이 전에 생각한 것처럼 심각한 건강 위협 요소는 아니라는 점이다. 얼마 전 호주에 사는 30대의 젊은 부부 마이클과 수 머네인은 다른 모든 면에서는 완벽한 부모였지만 몸무게가 과하다는 이유로 한 한국 아기의 입양이 거절되었다. 한국과 스리랑카 법률은 평균보다 30% 이상 몸무게가 더 나가는 입양 부모는 아기가 미처 성장하기 전에 아이를 또다시 고아로 만들 가능성이 높다는 점을 분명히 하고 있다. 그러나 이제 이런 논쟁은 더 이상 불필요해지고 있다.

요즘은 몸무게에 관한 각종 권고가 언론에서 산더미처럼 쏟아지고 있다. 그러나 과학자들의 견해는 많이 다른 것 같다. 사람들이 날씬해질 수 있게 도와주는 사업은 황금알을 낳는 거위가 되었다. 엄청난 광고비가 투자되고 있다. 이로써 사람들이 덜 먹고 좀 더 지각 있게 식사를 할 수 있다면 좋은 일이고, 건강 지식을 증진시키고 건강 기준을 세우는 데 일조가 되는 것이다.

그러나 동전에는 항상 양면이 있다. 날씬한 몸매 관리는 꿈을 파는 사업이다. 이들이 어떤 특정 나이 그룹의 사람들에게 정확한 인구동태통계 (vital statistics)에서 정상수치를 제시하면, 몸무게의 목표치를 낮추려는 금전적 유혹을 받게 된다. 몸무게 목표는 평균치나 대부분 사람들이 쉽게 할 수 있는 수준 그리고 건강만을 고려할 때 적합한 수준보다 더 낮아지는 경향이 있다. 심지어 이성에게 매력적으로 보이는 수준보다도 낮아지는 경우가 많다. 한 실험에서 남성 평가단에게 마른 여성부터 뚱뚱한 여성까지의 사진을 단계별로 보여주며 가장 매력적인 여성을 골라보라고 하였다. 그런 후 여성 평가단에게 남성 평가단의 판단을 추측해 보라고 하였다. 결과는 여성이 생각하는 것보다 일관되게 남성이 실제로 가냘픈 여성에게 그다지 매력을 느끼지 못한다는 사실이었다.

일부 상업 광고가 잠재의식적으로 전달하는 이미지는 평균적인 여성들이라도 너무 살이 쪘으며, 살찐 것은 추한 것이고, 날씬하지 못한 것은 부끄러운 일이라는 내용이다. 이는 윈저공작부인의 '아무리 부자라도 지나치지 않으며, 아무리 말라도 지나치지 않다.'는 당치않은 격언과 맥을 같이 한다. 오늘날 신체적으로 건강한 사람들이 임의로 만들어진 이상형과 더 가까워지기 위해 성형수술을 받는 것을 보면 끔찍하기조차 하다. 그러나 이런 현상은 요즘만의 일은 아닌 것 같다. 중국 여성이 발을 묶는 전족을 통해 발을 더 작게 만들려 했던 것이나 영국 여성이 40cm 허리둘레를 가지기 위해 하부 갈비뼈 시술을 요구했던 적도 있었다.

'아무리 말라도 지나치지 않다.'는 선전은 누구보다 젊은이들에게 실질적인 위험이 될 수 있다. 그들 중 일부는 이런 사실을 믿고 자존감을 잃고 우울증과 식욕부진 증상에 시달리기도 한다.

1985년 부인과 의사 존 스터드(John Studd)는 식욕부진의 단기 및 중장기 효과를 조사하여 다음과 같이 보고했다. '에스트로겐은 난소에서만 만들어지는 게 아니라, 체지방에서도 일부 만들어진다. 우리의 체지방이 적다면 에스트로겐도 적게 만들어진다. ……70세 여성처럼 바싹 마른 28세 또는 35세의 식욕부진 증상을 보이는 여성을 종종 볼 수 있다.'

그는 연구를 통해 에스트로겐의 낮은 수치와 콜라겐의 저하가 서로 관련이 있다고 주장했다. 콜라겐은 뼈와 피부 조직의 1/3을 구성하는 단백질이다. 젊은 환자 중 일부는 콜라겐의 저하로 피부 색조가 엷어지고 (이는 식습관이 정상화되면 원상회복된다.) 척추의 함몰로 키가 영구적으로 줄어드는 증상을 보였다.

왜 인간이 모든 유인원 가운데 땀을 가장 많이 흘릴 뿐만 아니라 지방도 가장 많은지 어떤 진화적 이유가 있음에 틀림없다. 우리 신체가 지방 축적의 적정한 상한선을 지키는 능력이 없는 것은 불운한 일이다. 그러나 지방조직은 인체의 필수불가결한 요소이므로 어떻게 하면 두려움이 과도한 공포증으로 발전하지 않고도 비만을 피할 수 있느냐가 우리의 당면 과제라고 할 수 있다.

11. 숨쉬기

'우리가 먹고 마시는 모든 음식이 폐로 들어갈 위험이 있는데도 기도 위를 지나가야 한다는 사실은 참으로 이해할 수 없는 일이다.'

찰스 다윈

다윈은 이 문제를 과장한 것이 전혀 아니다. 이는 정말 이해할 수 없는 일이다. 한탄할 정도로 미숙한 생물학적 구조로 보인다. 다른 모든 육상 포유동물은 인간과 다른 방식을 취하고 있으므로 더욱 이해가 안 된다.

포유동물의 통상적인 호흡방식은 공기가 코로 들어가 기관을 따라 내려가서 폐로 들어가는 방식이다. 먹이와 물은 입을 통해 별도의 관, 즉 식도를 거쳐 위로 들어가게 된다. 대부분 포유동물은 기도가 입과 같이 있지 않고, 더 위쪽 코 안의 비강 뒤쪽에 위치한다. 그러므로 음식이 잘못해서 폐로 들어갈 위험이 전혀 없다. 동물이 먹고 마시는 모든 것은 완전히 분리된 식도를 통해 위로 내려간다.

두 관 입구를 별도로 나누는 것은 간단하고 확실한 방법이다. 목마른 말이나 낙타가 계속 물을 오랫동안 마시면서도 숨을 쉬기 위해 멈추지 않는 것을 본 적이 있을 것이다. 기관과 식도가 완전히 분리되어 있으므로 이들은 숨쉬기와 물마시기를 동시에 할 수 있다.

사람을 제외하고 모든 육상 포유동물은 기도가 입천장에 붙어 있고 구강과 기도 사이에 분리 벽이 있다. 이 분리 벽은 앞쪽은 뼈로 되어 있지만(경구개) 뒤쪽은 부드러운 연속 조직(연구개)으로 되어있다. 일부 파충류와 현존하는 유대류와 같은 원시동물은 기도 입구, 즉 후두가 연구개를 지나 고정되어 있어서 입으로 숨을 쉴 수 없으며, 소리를 낼 수도 없다.

대부분 포유동물은 통상 코로 숨을 쉬지만 입으로 숨을 쉬는 것이 불가능하지는 않다. 후두가 고정되어 있지 않고 괄약근으로 조절되는 작은 틈이 연구개에 있기 때문이다. 개는 더위로 숨을 헐떡거릴 때나 짖을 때 일시적으로 입을 통해 숨을 쉴 수 있다. 이때 괄약근이 이완되어 후두가 연구개의 구멍을 통해 구강까지 내려온다. 개가 짖을 때나 으르렁댈 때 자주 목을 길게 빼는데, 이런 동작은 후두가 입천장에서 분리되도록 하기 위해서다. 숨을 헐떡이거나 으르렁거리는 것이 끝나면, 목을 원위치로 하고 후두가 구멍을 통해 위로 올라가며, 괄약근이 후두를 당겨주어 다시 코로 숨을 쉬기 시작한다. 대부분 포유동물은 이와 같은 방식을 택하고 있다.

인류의 성인은 후두가 입천장과 분리되어 있다. 후두는 목 안으로 들어가 혀 뒤쪽에 자리 잡고 다윈이 지적한 대로 기도 입구가 식도 입구 앞에 나란히 있다. 우리의 연구개는 작고 개폐 가능한 구멍을 갖는 후두 조절용 연속 조직이 아니다. 대신 그곳에 큰 구멍이 있고 상부에는 목젖이 달려 있다. 따라서 우리는 코뿐만 아니라 입으로도 똑같이 숨을 쉴 수 있다. 그러나 숨쉬기와 마시기를 동시에 할 수 없으며, 만약 마실 때 숨이 가빠지면 물이 폐로 들어갈 수도 있다.

이러한 진화적 변화는 '내려간 후두'로 알려져 있는데, 왜 통상적 방식과 다르게 변화했는지에 대해 학자들 간에 많은 설명이 시도되었다. 유독 우리 인간에게만 있는 이런 비정상적인 특성이 더 나은 방향으로 진화한 것이라는 것을 믿기까지는 항상 암묵적인 저항을 감수해야 한다.

내려간 후두에 대한 가장 예상치 않았던 칭찬은 열성적인 외과 의사들에게서 나왔다. 그들은 구강을 다친 환자에게 코를 통해 삽입한 관으로 쉽게 위에 영양분을 공급할 수 있으므로, 이런 신체 구조는 아주 좋은 경우라고 했다. 그러나 내려간 후두가 아주 우연한 장점이 있기는 하지만, 어째서 후두가 내려갔는지에 대해서는 설명하지 못했다.

네발짐승의 척추 경우처럼 보통 포유동물의 호흡 방식은 2억 년 이상에 걸쳐 완성된 것이다. 따라서 사소한 이유로 이런 방식이 진화과정에서 선택되지 않을 수 없었을 것이다. 이런 호흡방식으로부터 얻는 이익을 검토하기 전에 먼저 어떤 손실이 있는지 알아보는 것이 좋을 것이다.

코로 호흡하는 방식은 대부분 포유동물에게 5가지 점에서 중요하다. 첫 번째, 그들에게 후각은 상당히 중요하며, 대기 중의 페로몬은 코를 통해 후각기관을 거칠 때 비로소 탐지될 수 있다. 두 번째, 코로 숨쉬기는 독성물질을 미리 걸러 냄으로써 폐를 보호한다. 공기 중의 먼지 입자는 코털에 의해 먼저 걸러진다. 더 작은 입자는 코의 점액에 부착되어 비강으로 나와 재치기, 코풀기, 침 뱉기, 침 삼키기 등 여러 경로를 통해 제거됨으로써 폐에 도달하지 못한다.

세 번째로 코로 들어간 공기는 폐의 민감하고 상처받기 쉬운 조직에 도착하기 전에 체온과 가까운 온도로 덥혀지거나 식혀진다. 넷째, 건조한 공기는 점막의 분비물로부터 습기를 얻을 수 있다. 마지막으로 일부 점막

분비물은 약한 살균작용도 할 수 있다. 코로 흡입된 공기는 이와 같이 깨끗하게 걸러지고, 적당한 온도와 습도로 조절되며, 어느 정도 살균까지 되어 폐에 들어가게 된다.

이 모든 보호 장치는 우리가 입으로 호흡을 하면 무용지물이 되고 만다. 그러나 우리는 여전히 말할 때나 달릴 때, 신체적 힘을 발휘할 때 자연스럽게 입으로 숨을 쉬게 된다.

모든 포유동물의 폐는 방어막을 뚫고 들어온 독성물질을 기침을 통해 제거하는 능력을 갖고 있다. 그러나 이는 마지막 비상수단이며, 폐는 기본적으로 여과되지 않은 공기에 대처할 수 있도록 진화하지 못했다. 애완견은 우리와 같은 공기를 호흡하지만, 우리보다 기침을 훨씬 적게 한다. 호흡 곤란을 가장 많이 겪는 개는 페키니즈와 같은 중국산 견종으로 선택적 교배에 의해 인공적으로 코가 짧아져 보호 효과가 줄어들었기 때문이다.

후두가 내려옴으로써, 상부 호흡기 전체에 연속적인 변화를 초래했다. 그 결과 불편하고 간혹 치명적인 경우도 발생한다. 그중 하나가 혀에 일어난 현상이다.

무언가를 삼킬 때 음식물이 기도로 들어가지 않아야 하므로 인간에게는 매우 특별한 과정이 필요하게 되었다. 이 과정이 안전하게 진행되도록 우리에게 진화한 방식은 다음과 같다. 대부분 다른 포유동물과 달리 인간은 혀의 뒤쪽이 어금니를 넘어 상당한 길이로 돌출되어 있다. 음식물을 삼키거나 물을 마실 때마다 또는 심지어 침을 삼킬 때조차 기관의 상부가 목에서 위쪽으로 움직여서 후두를 혀의 뒷부분으로 덮어버린다. 바로 후두개라는 연골 덮개가 구부러져 막아주는 역할을 하여 음식물이 기도로 들어가는 것을 방지한다. 음식물이 안전하게 식도를 통해 위로 내려가면 기관은 다시 원위치로 내려간다.

성인 남성이 음식물을 삼킬 때는 이런 움직임이 눈에 잘 보인다. 20

세 전후의 남성은 후두 전방의 연골 돌기가 뼈로 대치되기 때문이다. 아담의 사과라고 부르는 돌출된 뼈는 많은 남성의 경우 뚜렷하게 나타나 삼킬 때마다 위아래로 움직이는 것을 볼 수 있다.

후방으로 돌출된 혀는 기도를 막을 정도까지는 아니다. 우리가 의식이 있거나, 서 있거나, 젊을 때는 문제가 없다. 그러나 나이가 들면 근육상태가 안 좋아져, 입으로 숨을 쉬면서 잠든 사람에게 문제가 발생할 수 있다. 바로 코를 고는 것인데 혀가 중력으로 목 뒤편까지 쳐져 기도가 작아지고, 좁아진 구멍으로 공기가 드나들면서 시끄러운 소리가 난다. 잠자는 사람의 기도가 간혹 완전히 막히는 경우도 있다. 이런 경우 혈액의 산소 부족이 몸에 위험을 알리면 정신이 들고 잠에서 깨어나게 된다. 그러면 다시 막힘이 뚫리고 호흡이 정상화된다.

그러나 사고의 충격으로 깊은 혼수상태에 빠지면, 이런 막힘 현상도 치명적이 될 수 있다. 인간에게만 특이한 이러한 위험으로, 사고 환자에 대한 일차 구급 지침은 '먼저 기도를 확보하라.'는 말로 시작한다. 술을 너무 많이 마셔 구토를 하는 경우, 질식사가 가끔 일어나는 것을 볼 수 있다. 이러한 죽음은 후두가 목까지 내려옴으로써 발생한다.

지난 몇 년간 수면무호흡증이라는 병이 대중의 관심을 많이 받아왔다. 보통 잠자는 사람은 기도가 막히게 되면 처음에는 숨을 계속 쉬려고 하기 때문에 흉곽과 횡경막에 팽창성 경련이 발생한다. 이런 증상이 심장병이 있는 사람에게는 폐 안의 공기 압력이 갑자기 변하고 가슴의 혈압이 높아지며 혈액 내의 산소량이 줄어드는 해로운 결과를 가져올 수 있다. 그러나 증상은 통상 15초 정도만 지속되며 부분적으로 의식이 돌아와 호흡이 정상화되고 다시 잠이 들게 된다. 많은 경우 이 주기가 여러 번 반복되는데 심할 때는 잠자는 동안 수백 번 발생하기도 한다.

북미에서는 수면장애를 전문적으로 치료하는 병원이 성업 중이며, 의

시들은 수면무호흡증과 고혈압의 연관성을 발견했다. 수면무호흡증은 고혈압의 일차적 원인은 아니나, 이를 악화시키고 촉진시킬 수 있다. 그러나 그 연관성이 과체중과 같은 별도의 원인에서 동시에 유래하기 때문이라는 이야기도 있다. 하지만 크리스천 길레미놀트(Christian Guilleminault)와 같은 유명한 연구자는 수면무호흡증 환자의 절반 정도만이 과체중이며, 고혈압은 저체중 수면무호흡증 환자에게서도 나타날 수 있다고 보고했다.

무호흡 증상은 신체적으로는 물론 심리적으로도 악영향을 초래할 수 있다. 이 증상은 자면서 꿈을 꿀 때 발생하는 급속안구운동(REM) 상태에서 더 빈번하고 심하게 일어나는데, 최근의 연구에 따르면 이때가 가장 깊은 무의식 상태에 있을 때이다.

REM 수면을 취하는 환자는 비록 아침에는 기억하지 못하지만 잦은 무호흡증으로 수면 방해를 받아, 낮 시간에 지속적인 피로와 졸음 현상이 나타난다. 또한 기억력과 판단력이 감퇴하고, 아침에는 멍한 상태가 되며, 두통, 쓸데없는 근심과 우울증을 자주 호소한다. 이런 증세는 잠을 안 재우는 고문을 받는 수감자에게서도 가볍게 나타나기도 한다. 이런 증세를 치료하기 위해, 몸무게를 줄이거나 밤늦게 술을 마시지 않는 방법에서부터 코에 공기를 불어넣는 특별한 기구를 사용하거나 연구개의 일부를 제거하고 목의 근육을 더 잡아주는 외과수술에 이르기까지 여러 처방이 나오고 있다.

아기가 태어날 때는 후두가 아래에 있지 않다. 첫 몇 달 간은 기도가 다른 포유동물과 같은 형태로 있다. 아기의 후두는 갓 태어났을 때는 위에 올라와 있으며, 구개에 맞닿아 비강과 통하게 되어 있다. 이것은 코로 숨 쉬는 동물의 전형적인 구조이다. 아기는 젖을 빨면서 동시에 숨을 쉴 수 있으며, 어른이 삼키는 복잡한 방식과 달리 모유가 자연스럽게 식도를 타고 흘러들어간다.

태어난 지 3~6개월 사이에 아기의 후두는 구개와 떨어져 아래로 내려가기 시작한다. 이러한 전환기에는 아기의 상부 호흡기관이 동물의 형태도 아니고 인간의 형태도 아닌 어중간한 상태가 된다. 이런 변환 과정을 통해 아기는 새로운 생리과정에 적응하는 방법을 배우게 된다.

이 시기에는 아기 돌연사증후군(SIDS, Sudden Infant Death Syndrome)이 가장 많이 나타난다. 이유 없는 아기의 죽음은 흔히 질식사가 사인으로 진단되곤 한다. 이런 연유로 아기가 혼자 잘 때, 안전하고 건강하게 재우는 방법을 어머니들에게 교육시키는 경우가 많이 있다. 요사이는 이런 불운을 요람의 죽음이라고도 부른다.

일반적인 검시로는 죽음의 원인을 밝히지 못한다. 기록을 보면 요람의 죽음이 겨울철에 다소 높은 발생률을 보이는 것을 알 수 있다. 날씨 기록을 보면 갑작스레 한파가 닥치고 2~5일 후에 가장 높은 사망률을 보인다. 아마 이때 아기들의 바이러스 감염에 대한 저항력이 떨어지는 것 같다. 이런 결과는 상부 호흡기 감염 가능성, 즉 아기가 감기에 걸릴 가능성이 높아지는 것과 같다. 그러나 대부분 경우 부모도 알아채지 못하고 검시로도 알아낼 수 없을 만큼 경미한 전염이 어떻게 아기들을 죽음으로 몰고 가는지에 대해서는 아직도 명확하게 알지 못한다.

아기의 후두 이동은 1970년경 아기 수술을 집도했던 에드워드 크렐린(Edward Crelin)이 처음으로 알아냈다. 그 당시에는 참고할 만한 유아 해부학 지침서가 없었으므로 의사들은 아기가 어른의 축소판이라는 가정 하에 수술을 하곤 했다. 그래서 크렐린은 최초로 아기 해부학 책을 편집하기 시작했다. 이 책은 현재도 전 세계 병원에서 참고용으로 널리 사용되고 있다. 그가 연구를 통해 발견한 중요한 점은 아기 호흡과 관련된 것이었다. 그도 아기가 어른의 축소판일 것으로 생각했지만, 아기의 상부

호흡기를 관찰했을 때 침팬지의 기도 구조와 같다는 사실을 발견했다.

후두가 목으로 내려가기 시작하면 아기가 입으로도 숨을 쉴 수 있게 되겠지만, 아직은 반사적으로 코로 숨을 쉬는 단계이다. 만약 코가 감염으로 막히면 아기는 괴로워 울게 된다. 다른 동물들처럼 소리를 내면 후두가 구개에서 분리되어 숨을 쉴 수 있으므로, 아기는 입을 벌린 채 다시 잠들게 된다.

위험은 아기가 엎드려서 자거나 또는 등을 대고 머리를 아래로 한 채 잠들었을 때 발생한다. 이때는 후두가 뒤로 밀려 목젖이 안으로 들어가 입구를 막을 수 있기 때문이다. 사망 후 근육이 다시 원상으로 돌아가고 아기를 들어 올릴 때 후두가 분리되면 아마도 가벼운 폐 손상 외에는 사망 원인을 보여주는 증거는 아무 것도 없을 것이다.

크렐린은 요람의 죽음 중 90%가 이런 원인 때문일 것으로 생각했다. 그의 가설은 여전히 가설로 남아 있지만 임상 경험을 통해 지지를 받았다. 한 사례로 미국 중서부의 소아과 의사인 하베이 크라비츠(Harvey Kravitz)는 어머니들에게 아기가 요람에 있을 때, 요람의 머리 쪽을 약간 들어줄 것과 아기가 요람에서 밖으로 나왔을 때도 아기의 머리를 계속 들어주도록 충고했다. 그러자 이후 12년간 그가 진찰한 1,800명의 아기들 가운데 요람의 죽음으로 인한 사망건수가 통계적으로는 약 5건 정도 예상되었지만 실제로는 단 한 건도 발생하지 않았다.

네덜란드에서는 훨씬 더 많은 연구가 진행되었다. 1970년대 초 네덜란드 어머니들은 아기를 엎어서 재우라는 권고를 받았다. 그래서 1980년대까지는 최소한 60%의 어머니가 이 권고를 따랐다. 당시 네덜란드의 요람 사망률은 1969~1971년 1,000명당 0.46건에서 1987년 1.13건으로 증가했다. 1987년 네덜란드 전체 소아과에서 아기를 엎어 재우지 말도록 권고하기 시작했으며 이로써 1987년에서 1988년 사이에는 요람 사망률이 40% 급감했다.

이러한 통계는 요람 사망이 태어난 지 3개월 이전이나 6개월 후의 나이에서는 매우 드물고, 후두가 영아에서 성인의 위치로 이동하는 중간 단계와 관련 있다는 크렐린의 주장과 일치한다.

일찍 감기와 감염에 걸린 경험이 있는 아기들은 추후에도 문제가 발생할 수 있다. 이들은 코가 막힘으로써 너무 이른 나이에 입으로 숨을 쉴 수밖에 없는 상황을 경험하였다. 그러므로 습관적으로 구강호흡을 하게 되어 일종의 악순환에 빠질 수 있다.

비강은 쓰이지 않으면 공기가 통하지 않고 분비물이 축적되어 공기의 흐름을 더욱 막게 된다. 말라버린 점액은 세균의 온상이 되어 염증과 샘 조직(adenoid tissue) 비대증의 원인이 되기도 한다. 또한 구강호흡은 침을 마르게 하여 더 적은 양의 침을 삼키게 된다. 보통 잦은 침 삼키기는 유스타키오관을 통해 중이를 깨끗하게 해주고 공기를 통하게 하는 데 도움을 준다고 한다. 1989년 반 본(Van Bon)을 비롯한 네덜란드 연구팀은 입으로 숨쉬기가 어린이 중이염의 원인이 될 수 있다는 가설을 확인했다. 20세기 초 빈민가 어린이들에게서 흔히 발견되는 입 벌리기와 코 흘리기는 유전적으로 저능하기 때문인 것으로 종종 치부되었지만, 사실은 감염이 만연하고 춥고 습한 환경에서 과밀하게 사는 환경에 더 큰 원인이 있었던 것이다.

후두 진화에 대한 이해는 느리게 진전되었다. 해부학자들이 살아 있는 동물이 아니라 주로 죽은 동물을 가지고 연구를 했기 때문이다. 해부한 동물의 단면을 그린 그림에서 해부학자에 따라 후두의 위치가 다르게 나타났으며, 1880년대에는 위치를 놓고 논쟁이 가열되기도 했다.

마침내 위치가 다른 이유가 부분적으로는 동물이 어떻게 죽었느냐와 관련이 있다는 사실이 밝혀졌다. 만약 죽을 때 소리를 질렀다면, 후두가 구강에서 발견될 것이다. 또한 동물을 해부할 때 어떻게 다뤘는지 하는 것도 관련이 있다. 만약 괄약근이 풀어지면 단순히 동물의 머리와 목을 잡아당기는 것만으로도 후두가 비강에서 빠져나와 인간의 후두와 유사한 위치에 오게 됨을 알게 되었다.

이러한 문제는 살아 있는 동물을 검사하는 것으로 해결되었다. 그런데 해부학자보다는 조수가 살아 있는 동물을 검사하는 경우가 더 많았다. 1889년 바울즈(R. L. Bowles) 박사는 이름이 잘 알려지지 않은 조수 한 명에 대한 기록을 남겼다. '내 조수 스타이너는 6개월 이상 된 많은 돼지의 목 뒤 인두를 손으로 직접 검사하였다.' 스타이너는 살아 있는 동물의 경우 연구개 위로 기도가 지나간다는 것을 알았다. 기도는 후두덮개와 연구개 구멍 주변 괄약근이 지지를 해서 제자리에 있다.

지금은 인간의 후두가 아래로 쳐진 것이 이례적인 특징이라는 데는 이의가 없다. 그러나 이렇게 진화한 이유에 대해서는 합의가 이루어지지 않고 있다. 빅터 네거스(Victor Negus)경은 평생을 후두 해부학 연구로 보냈다. 그는 구강 구조의 이례적인 변화가 과연 인간에게 이익이 되었느냐는 문제에 대해 분명히 아주 불리했다는 결론을 내렸다.

그러나 그는 왜 이런 일이 일어났는지 확실히 설명할 수 없었다. 인간이 후각이 뛰어나지 않으므로 코로 숨을 쉬는 습관을 그만두었다고 해서 잃을 것은 별로 없다고 했다. 또한 혀가 어금니 뒤로 많이 연장되었음을 지적하고 후두가 혀 때문에 목 아래쪽으로 내려갔을지 모른다고 추측했다. (그러나 마찬가지로 후두가 내려가지 않았다면 혀가 뒤쪽으로 연장될 이유도 없었을 것이다.)

마침내 그는 오늘날 호응을 받고 있는 이론에 관심을 가지게 되었다. 그것은 후두의 하강이 적응이 아니며 단순히 두 발 걷기로 생긴 불운하고 피할 수 없는 부수적 결과 중 하나라는 것이었다. 직립 보행을 하기 위해서는 머리가 등뼈 위에 놓이는 각도 변환이 필요했다. 즉 인간의 시각은 등뼈와 수직 각도로 앞을 향하게 된다. 반면 네발짐승은 등뼈와 같은 평면상에 시각이 놓인다. 이 각도 변화로 인해 중력의 도움을 받아 기도가 목 아래로 내려갔을 것이라는 주장이다.

이 이론에 대한 설명 중 하나는 고양이, 개, 원숭이, 유인원 등 후두가 목 위에 높이 위치한 포유동물은 두개골 하부가 상대적으로 굴절이 없으며 머리가 일직선상에 놓인다는 것이다. 그러나 고양이, 개, 원숭이, 유인원은 물론 인간을 제외한 모든 육상 포유동물이 굴절이 없고 후두가 높이 위치해 있다는 것을 알게 되면 아무래도 뭔가 이상하지 않을 수 없다.

직립보행으로 인한 불운한 부수적 결과라는 주장은 다음의 세 가지 이유에서 문제가 있다. 첫째는 태아나 태어난 지 얼마 안 된 아기는 머리 각도가 네발짐승에 비해 성인보다 오히려 더 굴절되어 있지만 후두는 여전히 동물처럼 위쪽에 있다는 점이다. 둘째는 네덜란드 얀 윈드(Jan Wind)의 실험을 통해 중력이 영향을 미치지 않는다는 사실이 밝혀진 점이다. 확실히 아기의 후두가 내려갈 때는 아직 수평으로 기어 다니는 시기이므로, 중력이 작용하기 힘든 상황이다.

그러나 이 이론에 대해 가장 강하게 문제를 제기한 사람은 네거스를 가장 지지했던 아서 키스(Arthur Keith)경이었다. 만약 기도가 내려가는 추세였다면 약간의 변형만으로도 충분했을 것이며, '만약 코와 후두 사이에 서로 밀접한 관계가 필요했다면 자연이 그런 방법을 어떻게든 찾았을 것'이라고 지적했다.

네거스가 후두 하강이 아주 불리하다고 이야기했을 때, 이는 육상동물만을 염두에 둔 것이었다. 육상동물의 경우 코에서 폐로 기도가 막히지 않고 연결되는 것이 가장 중요하다. 그러나 코로 들어가는 게 공기일 때만 그렇다. 물에서 많은 시간을 보내는 동물에게는 중요도가 다를 수밖에 없다.

다이버나 수영하는 사람에게 중요한 것은 물에 들어가기 전이나 잠깐 물 밖에 나왔을 때 가급적 많은 양의 공기를 재빨리 들이마시고 내뱉는 능력이다. 이런 능력을 갖추려면 큰 기도 공간을 필요로 한다. 네거스는 말이 가진 넓은 후두 공간을 예로 들어 이 점을 언급했다. '만약 어떤 동물이 많은 양의 공기를 폐로 공급할 필요가 있다면 기도가 커야 하며, 단순히 호흡 속도를 늘리는 것만으로는 불충분하다.'

인간의 경우 코로 숨을 쉴 때 기도가 다른 네발짐승에 비해 좁기도 하지만 공기 통로도 구부러져 있다. 개의 경우 코에서 폐로 공기가 거의 수평선상을 따라 들어간다. 하지만 사람은 공기가 위로 올라간 다음 다시 내려가야 한다. 호흡하는 공기의 양을 늘릴 수 있는 가장 손쉬운 방법은 단연 입으로 숨을 쉬는 것뿐이다.

수생동물에게 필요한 또 하나의 능력은 기도를 막는 능력이다. 우연히 물에 빠진 포유동물은 성대 사이 공간인 성문을 막고 허파의 호흡운동을 중지하여 자동적으로 숨을 멈춘다. 이는 적절한 비상조치이며 대부분 육상동물은 수영할 때 개헤엄처럼 항상 머리를 물 밖에 내놓고 하기 때문에 오랫동안 기도를 막고 있을 필요가 없다.

그러나 잠수를 하는 동물에게는 보호조치가 더 필요하다. 그들 중 많은 종은 물개처럼 평상시에는 닫혀 있다가 표면에 올라와서는 자기 의지로 열리는 밸브가 달린 코를 갖는 방식으로 진화하였다. 이 방식을 사용할 수 없는 수생 동물은 다른 기구를 사용한다. 예를 들어 새는 코가 부리에 달려있어 닫을 수 없다. 따라서 펭귄은 인간의 후두처럼 비강과는 관계없이 기도 내부에 연골로 된 삼각 덮개를 가지고 있다. 펠리컨이나 가마우지 같은 다른 많은 바닷새처럼 펭귄도 입으로 숨을 쉰다.

수생동물인 바다사자의 코

　서로 관련이 없는 여러 수생동물이 코 밸브와는 다른, 또는 여기에 부가된 일종의 내부 동작 덮개를 갖는 방식으로 진화하였다. 펭귄과 악어가 대표적인 예이다. 유인원 중에는 인간만이 이러한 덮개를 갖고 있다. 구강과 비강을 구분하기 위해 오르내리는 것이 가능한 연구개가 이에 해당한다. 그러나 인간도 후두가 혀 뒤쪽 아래 현재 위치로 내려오지 않았다면 이런 방식을 취할 필요가 없었을 것이다.

　후두가 내려온 특징을 갖는 유일한 동물에는 수생 포유동물인 바다사자와 해우 종류인 듀공이 있다. 이 두 종은 인간과 아무 관련이 없는 것처럼 서로도 아무 관련이 없다. 후두 하강은 각각 육상 조상으로부터 수생 환경으로 진입한 후 독립적으로 진화시킨 것임에 틀림없다.

　인간 호흡기의 유별난 특징이 수생 환경에 적응하기 위한 것이라면,

지금은 효율성이 어느 정도 쇠퇴했다고 볼 수 있다. 연구개에 의한 차단이 지금보다 훨씬 강력했던 시기가 있었을 것이다. 다른 영장류에게는 없지만 물개와 같은 방식으로 근육이 있는 우리 콧망울이 완전한 밸브 기능을 갖고 개폐를 할 수 있었던 시기가 있었을지 모른다.

그러나 한 번 내려간 후두는 좋든 싫든 우리와 영원히 함께하게 되었다. 이로 인해 생긴 부정적 결과는 앞서 언급한 바와 같지만, 긍정적인 면은 우리가 말하기를 배울 때 훨씬 용이하게 할 수 있으며, 또 폭넓은 음역의 소리를 낼 수 있다는 점이다.

유인원 중 어떻게 인간만이 유일하게 말할 수 있느냐 하는 문제는 또 하나의 풀리지 않은 인간 진화의 수수께끼다. 이 질문에 대한 답을 구하기 위해 우리와 가장 가까운 친척인 침팬지가 과연 말을 할 수 있는지 알아내려는 연구가 시도된 적이 있다.

침팬지의 언어 능력을 조사하기 위한 초창기 실험이 미국 심리학자 K. J.와 캐롤라인 해이즈(Caroline Hayes)에 의해 시도되었으나, 제한적인 성공밖에 거두지 못했다. 그들은 빅키라는 이름의 침팬지에게 말하기를 가르쳐 보았다. 6년 동안 공을 들인 후 빅키(Vicky)가 발음할 수 있는 단어란 파파, 마마, 컵, 업(up)의 4단어뿐이었다. 이후 알렌과 베아트리체 가너(Allen & Beatrice Garner)가 와쇼(Washoe)라는 침팬지에게 신호 언어를 가르쳐 보았다. 그 결과는 훨씬 성공적이었다. 와쇼는 가르친 지 2년 만에 34가지 신호 어휘를 발음할 수 있었다.

이 결과는 놀라운 일이 아니었다. 침팬지는 주로 몸짓 언어로 소통하는 복잡한 사회 체계를 가지고 있기 때문이다. 자세와 얼굴 표정으로 위협, 분노, 공포 그리고 광범위한 반응을 웅변적으로 전달함으로써 의도와 감정을 표시한다. 와쇼는 이미 사용해왔던 잘 발달된 신호 언어 전달 방식을 단지 확장하면 되었던 것이다. 빅키는 목소리 전달 방식을 사용하기 위해 익숙한 신호 전달 방식을 포기해야 했던 점이 달랐다. 유인원도 소리로 의사 전달을 할 수 있지만, 시각 신호의 사용보다 융통성이 떨어질 수밖에 없다.

그러나 많은 사람들은 빅키와 와쇼의 경우를 통해 첫째, 침팬지는 '탁자(table)' '껴안다(hug)' '음식(food)' '열다(open)' '나쁜(bad)' '안으로(into)' '주다(give)' 등 많은 단어를 이해하는 지능을 갖고 있으며, 둘째, 의사 전달을 하고자 하는 욕망이 있으며, 셋째, 그러므로 이들이 말을 하지 못하는 것은 어떤 특정한 장애가 있음에 틀림없다는 사실을 알게 되었다.

침팬지는 입과 목의 구조상 필수적인 음을 내지 못해 말을 할 수 없다는 주장도 있다. 그러나 이는 사실이 아니다. 유인원과 원숭이는 높이와 크기가 다른 다양한 모음을 발음할 수 있으며, '아(ah)' '이(ee)' '우(oo)'를 소리 낼 수 있다. 그들은 또한 'k' 'p' 'h' 'm'과 성문폐쇄음(런던 방언에서 'bottle'의 'tt'를 대치하는 음)을 발음할 수 있다. 그들은 't' 'f' 'n'을 발음하는 데는 어려움이 있지만 'b'와 'g'를 발음하지 못할 아무런 신체 구조적 이유는 없다. 이 문제를 연구한 해부학자들은 발음이 상부에 있는 후두에서 아무런 문제 없이 나올 수 있다는 데 동의한다.

그러므로 빅키가 극복해야 하는 어려움은 입에 있는 것이 아니라 모든 음성 전달 행위가 시작하는 아래쪽의 폐와 폐의 의식적 공기 순환을 제어하는 뇌에 있다는 것이 더 합리적이다.

대부분 포유동물의 경우 호흡은 소화나 심장 박동처럼 무의식적 기능에 속한다. 호흡의 빠르기와 공기 흡입량은 화학적, 물리적 그리고 호르몬 효과에 의해 조절된다. 예를 들어 혈액 내의 산소 농도가 낮을 경우 더 깊이 숨을 들이마시게 된다. 또한 아드레날린은 심장 박동뿐만 아니라 호흡 속도도 빠르게 한다. 척추통증이나 열, 추위 등이 심할 때 호흡 리듬을 바꿀 수 있으며, 머리를 물속에 넣으면 바로 호흡을 멈추게 된다. 이러한 신호를 받는 수용기는 무릎반사를 통제하는 수용기와 같아서 의식 통제를 받는 게 아니다. 우리가 재치기할 때, 흐느낄 때, 딸꾹질 또는 갑자기 놀라 반응할 때 깊이 숨을 들이마시는 것처럼 이러한 상황에서는 무의식적 호흡 반응을 할 수밖에 없다.

그러나 수생 포유동물에게는 호흡의 의식적 조절 능력이 필수적이다. 육상 포유동물과 달리 숨을 언제 쉬어야 할지, 얼마나 많은 양을 흡입해야 할지 의식적으로 조절할 수 있다. 육상 포유동물의 호흡은 우연히 물에 빠진 동물처럼 이미 발생한 상황에 대한 반사작용일 뿐이다. 엘스너(R. Elsner)와 구든(B. Gooden)이 수중 질식에 대한 연구보고서에서 밝힌 것처럼 물개나 돌고래와 같은 수생 포유동물은 의도하는 행위를 위해 호흡을 의식적으로 조절할 수 있다.

'잠수 반응의 몇 가지 주요 요소는 대상 동물의 의도, 조건 또는 심리적 예측에 의해 결정된다. 그러므로 수생동물은 최장시간 잠수할 필요가 있을 때 가장 강력한 잠수 반응을 나타내는 것처럼 행동한다.'

인간은 유인원이나 대부분 육상 포유동물과 달리 어릴 때부터 호흡을 의식적으로 조절하는 능력을 가지고 있다. 어린이는 자신의 몸에 대해 배울 때 자신이 변을 조절하는 괄약근을 통제할 수 있다는 것과 호흡을 통제하는 능력도 가지고 있다는 사실을 알게 된다. 이 단계에서 어린이는 이러한 능력을 시험해보는 것을 은근히 즐김으로써 주위 사람을 당혹스럽게 하기도 한다. 어떤 아이들은 호흡을 너무 오랫동안 참아서 놀라게 한다. 몇몇 아이들은 이런 수법을 사용하여 분노를 표시하거나 떼를 쓰기도 한다.

우리는 '숨을 들이마시고 다섯을 센 다음 천천히 내쉬는' 것 같은 행동이 쉽고 자연스럽다는 것을 알고 있다. 그러나 이런 묘기를 할 수 있는 포유동물은 단지 극소수에 불과하다는 사실은 거의 모르고 있다. 빅키가 말을 하도록 훈련받은 것은 사실 요가 훈련을 받은 것이나 다름없다. 즉 보통 하지 않는 기능을 의식적으로 하도록 훈련받은 것이다. 마치 인간에게 의지대로 혈압을 낮추도록 가르치는 것과 같다. 이러한 속임수는 이행할 수는 있어도 결코 쉬운 일이 아니다.

말을 하기 위해서는 모든 수생 포유동물과는 공유하지만 어떠한 육상 포유동물과도 공유하지 않는 바로 의식적인 호흡 조절 능력이 필수적이다. 깊이 빨리 숨을 들이 마시고 천천히 조절된 속도로 내쉬는 방식은 잠수할 수 있는 수생동물의 특성이면서 동시에 말하는 인간의 특성이기도 한 것이다.

12. 변화하는 성(性)

'화석은 발정기에 대해 아무 것도 말해주지 않는다.'

팀 화이트(Tim White)

성과 번식 측면으로 보면 인간은 아프리카 유인원과 다양한 면에서 다르다. 그중 가장 기본적이고 광범위한 것이 바로 발정기가 없다는 것이다.

실제로 모든 포유동물에게 발정기는 암컷이 어떤 정해진 주기로 성적인 활동을 받아들이도록 조절하는 활기 있고 효율적인 방식이다. 번식 노력에서 가장 효과를 볼 수 있는 시기를 배란기에 집중해서 종의 생존에 도움이 된다. 다른 시기의 성적 활동은 자연선택 측면으로 보면 시간, 정력 그리고 정액의 낭비가 아닐 수 없다.

암컷은 발정기가 되면 후각, 외모, 행동 등을 통해 수컷과의 교미를 환영하고 협력하겠다는 신호를 보낸다. 많은 종의 경우 이런 신호는 수컷의 성욕을 자극한다. 이런 자극은 모든 성적 만남이 상호 호혜적이고 평화적이고 보답이 있는 기회가 되도록 이성 간의 사이를 좋게 만든다.

발정기는 임신과 수유기에는 보통 나타나지 않으므로, 암컷이 적절한 기간 동안 자신의 욕망이나 수컷의 지근거림에 방해받지 않고 어미 역할에 집중할 수 있게 해준다. 온대지방에 서식하는 큰 동물들의 경우 발정기는 보통 1년 주기이며, 모든 새끼가 먹이가 풍부할 때 태어날 수 있도록 성적활동을 조절한다. 먹이 공급이 계절적으로 변화가 없는 지역에서는 발정기가 더 짧으며 한 군집 내에서도 암컷들 간에 발정기와 출산시기가 서로 다르다. 아프리카 유인원 중 고릴라는 발정기의 평균 주기가 31~32일이며 침팬지는 35~36일로 인간의 배란 주기 29일과 비슷하다.

발정기는 털이나 네 발 걷기와 마찬가지로 수백만 년을 진화해온 방식이다. 따라서 대부분 포유동물에 공통적으로 나타나는 많은 장점을 지닌 성공적인 작동 메커니즘이라 할 수 있다.

발정기가 인간 성적 주기의 특성에서 제외됨으로써 이 장점이 우리에게는 더 이상 적용되지 않는다. 대부분 다른 면에서 인간 여성의 주기는 유인원의 기준을 그대로 따른다. 즉 유인원들도 월경이 주기의 끝에 나타나며, 배란은 그 주기 중반쯤 일어난다. 그러나 인간의 경우에만 배란기 때 여성의 성적욕망이 고조되지 않고, 남성도 이를 눈치채지 못한다.

때때로 발정기가 아직 인간에게 남아 있다는 것을 증명해보려는 시도가 있었다. 그러나 그 증거라는 것이 과학적이기보다 대부분 일회성에 불과한 것이었다. 대학생들을 대상으로 한 설문 조사를 통해 여성의 성생활이 다른 때보다 배란기 부근에 더 자주 있다는 경향이 보고된 적이 있다. 하지만 주로 월경 중이거나 바로 전에는 성생활을 보통 피하기 때문일 수 있다. 비록 인간에게 발정기가 존재한다 해도 실제로는 가치가 거의 없는 흔적에 불과할 뿐이다. 이러한 인간 특성을 과학자들은 '감추어진 배란기'

라고 부른다.

다른 이례적인 인간 특성처럼 발정기의 쇠퇴가 가치 있는 진화적 유산의 손실이 아니라 단지 한 종만이 성취하도록 허락된 일종의 진화적 도약으로 해석하는 경우도 있다. 때론 발정기가 동물적인 성의 더욱 야만적인 형태로, 난잡한 짝짓기와 연관되어 있다고 생각한다. 그러나 발정기는 엄격한 일부일처 종인 늑대나 긴팔원숭이에게도 엄연히 있다. 이 경우도 암컷이 한껏 고조된 성적욕망을 매력 발산과 생식력이 고조되었을 때와 일치시키도록 적응되었다. 한 쌍의 유대관계를 공고히 하기 위해 발정기보다 더 잘 설계된 방법이 있다고는 생각하기 힘들다.

예전에 여성에게 있던 주기적인 성욕이 왜 없어졌는지 아무도 확실히 알지 못하므로, 발정기가 없는 종의 우수성을 입증하기는 어렵다. 한 이론은 발정기가 단순히 사라졌다고 한다. 또 다른 이론은 여성이 단순히 항상 수용적이지 않고, 사실상 항상 발정기 상태라는 것이다. 두 가지 이론 모두 인간에게 유리하다고 주장한다.

앞의 이론은 성적 매력이 있는 여성의 존재가 남성 간의 단결을 방해하므로 인간의 사냥, 채집 진화과정 중에 발정기가 비생산적인 요소가 되었다고 주장한다. 남성은 사냥할 때 협동하기 위해 동료애를 고양시켜야 했으며, 결과적으로 더 이상 사회를 분열시킬 이유가 없었다. 남성에게는 발정기 여성의 모습이나 냄새로 긴장이 조성되는 상황 외에도 평소에 고기를 분배하는 다툼이나 원하는 이성을 사이에 둔 싸움 등 긴장 상황이 충분히 있었을 것이다.

두 번째 이론은 사바나에서는 음식 공급이 숲에 있을 때보다 힘들어지고 불확실해졌기 때문이라고 한다. 그러므로 아이를 키우기 위해서는 남성의 적극적인 협조가 필요했고, 부부관계를 맺는 것이 최고의 보증 방법이었다는 것이다. 따라서 부부관계를 확실히 하고 남성이 성실하게 음식을 공급하도록 하기 위해 여성이 남성들에게 항상 수용적이고 성적인 매력으로 보답하게 되었다는 것이다.

이 이론은 널리 지지를 받았으며, 일반 통념으로 교과서에 자주 소개된다. 이 설명은 어떤 내재적 개연성 때문에 받아들여지지 않았다. 발정기가 없어진 것이 손실이 아니라 이익이라는 자명한 논리로 시작하였다면 이런 생각은 환영받았을 것이다. 그러나 결국은 지푸라기라도 잡고 싶은 처지에 놓일 것이다. 이 이론은 일련의 묵시적 가정에 입각해 있다. 그 어느 주장도 입증된 바 없으며, 일부 주장은 불합리하기조차 하다.

첫째로, '항상 수용적'인 문제가 유인원에게는 없고 인간 여성에게만 나타난 새로운 현상이라는 주장이다. 만약 '수용'이라는 의미가 욕망이나 구애가 아닌 단순히 교미를 허락하는 것이라면 이는 틀린 말이다. 발정기에 있지 않은 젊은 침팬지 암컷은 공격적인 수컷의 화를 진정시키기 위해 수컷에게 엉덩이를 내보이며 올라타도록 하지만 항상 삽입까지 이어지지는 않는다. 이런 행위는 성적인 관계보다는 달래기 위한 행동이다(젊은 수컷도 공격으로 위협받을 때 정확히 같은 동작을 취한다). 그러나 이런 점에서 암컷 침팬지는 대부분 수용적이다.

둘째로, 남성이 아이를 돌보는 일에 협조하는 대신, 무제한적인 성적 접촉으로 보상을 받는다는 주장이다. 이는 명백한 오류이다. 황제펭귄 수컷은 길고 어두운 남극의 겨울동안 눈보라 속에서 알을 품기 위해 얼음 위에서 단식을 하며 모여 있다. 하지만 이를 위해 어떤 보상도 받은 적이 없다. 부성적 본능도 모성적 본능과 마찬가지로 무조건적이다. 이런 행동을 어떤 보상으로 보답 받아야 하는 종은 지금까지 알려진 바 없다.

셋째로, 잦은 열정적인 성생활을 통해서 한 쌍의 유인원은 관계가 더욱 공고해진다는 주장이다. 이 주장은 오히려 반대가 진실이다. 유일하게 일부일처제를 유지하는 유인원은 긴팔원숭이며, 수컷은 자기 짝에게서 태어난 어떤 새끼도 자신의 유전자를 가지고 있다는 사실을 100% 확신할 수 있다. 그러므로 자신을 혹사시킬 필요성을 느끼지 않아, 긴팔원숭이의 성생활 빈도는 다른 유인원들에 비해 더 낮다.

넷째로, 항상 수용적인 태도가 자동적으로 한 쌍의 관계를 돈독하게 증진시킨다는 주장이다. 다른 말로 하면 모든 여성이 언제나 성적 욕구가 충만한 사회에서는 각각의 남성이 일생 동안 한 여성에게만 충실할 수 있다는 말이다. 이는 있을 수 없는 이야기이다.

마지막으로 인간은 원래 한 쌍을 이루었다는 대전제이다. 이 주장은 흔히 제기되며, 먹을거리를 찾아 나선 남성과 집을 지키는 여성이라는 전통적 사고방식의 중심이 되는 말이다. 그러나 이 주장 역시 입증된 것은 아니다.

이 장 맨 처음에 나온 팀 화이트의 간결한 말이 의미하는 것처럼, 화석은 우리 선조의 성생활에 대해 별로 알려주는 것이 없다. 한편 해부학자들은 한 종의 생리를 연구함으로써 행동생물학자가 야생 환경에서 동물 행동을 연구하기 전이라도 그 종의 사회 조직에 대해 많은 것을 알아낼 수 있다.

예를 들어 '하렘 타입(harem-type)'이라는 사회 집단이 있다. 하렘은 한 마리의 지배적 수컷과 여러 마리 암컷으로 구성된다. 수컷은 자기 몫보다 더 많은 암컷을 독점하므로, 그의 지위는 경쟁자 수컷에게 자주 도전받고 따라서 이에 대비하는 방어책을 강구하지 않을 수 없다. 하렘 타입에서 나타나는 전형적인 특징은 수컷이 다른 암컷에 비해 몸집이 훨씬 크고, 이빨이나 뿔 등 자연적 무기로 무장하고 있다는 점이다.

고릴라는 하렘 타입에 속한다. 수컷 몸무게는 암컷의 2배에 달하며, 암컷에게는 없는 길고 강한 송곳니를 가지고 있다. 인간은 확실히 이런 사회에 속하지 않는다. 남녀의 크기 차이가 그렇게 뚜렷하지 않고, 자연적인 무기도 없다. 남자의 송곳니는 여자의 송곳니보다 결코 크지 않다.

침팬지는 더욱 크고 무질서한 집단을 이루며 산다. 때때로 한 수컷이 특정 암컷을 단기간 동안 독점할 때도 있지만, 집단 내에서 일어나는 대부분 성생활은 기회주의적이고 기회도 매우 잦다. 침팬지 집단 내에서는 암컷이 수컷보다 개체수가 많은 경향이 있으며, 각각 암컷의 발정 기간도 매 회당 10일로 고릴라의 2일에 비해 길다. 또한 발정기 동안 암컷은 대부분 수컷과 짝짓기를 한다.

이런 문란한 사회에서 수컷의 가장 효과적인 전략은 빠르고 잦은 교미이며, 이를 위해서는 정자가 많아야 한다. 그러므로 이런 사회의 특징은 첫째, 수컷은 심한 경쟁을 고려하여 자연적인 무기를 가지고 있어야 하고, 둘째, 매우 큰 고환을 가져야 한다. 침팬지의 몸 크기는 고릴라의 1/3 이하이지만, 고환은 반대로 4배나 크다. 인간과 비교해도 4배 정도 크다.

긴팔원숭이는 일부일처제로 암수 간에 몸 크기나 송곳니 길이의 차이가 거의 없는 특징을 보인다.

신체적인 면에서 인간은 일부일처제 유형을 따르지 않는 것 같다. 인간은 이성 간에 몸 크기 차이가 약 20%로 고릴라의 100%보다는 작다. 그러므로 하렘 타입에 속한다고 볼 수는 없지만, 그렇다고 일부일처 사회에 넣을 수 있을 정도로 차이가 전혀 없는 것은 아니다. 인간의 고환 크기로 보아도 일부일처 사회 형태는 아닌 것 같다. 물론 침팬지와 비교할 수는 없지만, 고릴라보다는 분명히 크기 때문이다. 인간은 주당 3.5번의 사정 횟수를 넘어서야 비로소 정자의 수가 줄어든다. 이는 인간 사회에 상당히 기회주의적 성생활이 성행했음을 암시한다. 성인 남성의 음경 크기가 상대적으로 크다는 점(인간 13cm, 침팬지 8cm, 고릴라 3cm)은 성생활 횟수와는 관련이 없고, 여성의 질이 깊어져 상대적으로 접근이 어려워진 데 따른 결과로 볼 수 있다.

수생환경은 몇몇 종에게 광범위하게 유사한 영향을 미쳤다. 즉 암컷 성기가 상대적으로 깊어지고, 이에 따라 수컷 성기가 길어진 현상이다. 예를 들어 대부분 새와 파충류는 음경이 없다. 다만 배설강을 같이 힘껏 맞대는 것만으로도 정자의 이동이 가능하다. 그러나 악어, 거북 등 많은 수생 파충류와 백조, 오리, 거위 등 물새는 수생환경 서식지에 대한 적응으로 음경을 진화시켰다.

전반적으로 인간의 해부학적 증거는 우리가 변화 과정에 있음을 암시한다. 유사한 변화가 유인원에게도 일어나고 있으므로, 그리 놀라운 일이 아니다. 침팬지와 고릴라의 분화는 침팬지와 인간의 분화만큼 최근에 발생한 일이므로, 아프리카 유인원 중 하나 아니면 둘 모두가 상당히 급격한 성 전략 변화를 겪고 있으며, 이런 결과로 오늘날 이렇게 다른 행동을 보이는 것임에 틀림없다.

인간의 경우 이런 변화는 일부일처 사회를 지향하는 것처럼 보인다. 인간은 침팬지보다 일대일 성관계에 더욱 치우치는 경향이 있으며, 배우자 관계도 한번 형성되면 더 오래 지속된다. 유아를 돌보아야 하는 기간이 늘어남에 따라, 아이 부양에 대한 부담이 증가하는 종에서는 자연스러운 추세라고 할 수 있다.

일부일처제가 서양문화에서 보듯이, 아주 자연스럽게 우리에게 정착된 것은 아니다. 서양문화의 영향을 받지 않은 사회 중 단지 26%만이 일부일처제를 시행하고 있다. 간통사건의 발생과 높은 이혼율은 일부일처제에 대한 우리의 본능이 결코 절대적이 아님을 보여주는 증거이다. 한편 대다수 이혼자는 다시 재혼함으로써 연속된 일부일처제 형태를 보인다. 긴팔원숭이처럼 부부관계를 유지하는 종의 경우에도 때때로 침범자의 유혹에 넘어가 빗나가는 경우가 있어 불만에 찬 배우자가 짝을 쫓아내기도 한다. 긴팔원숭이 사회에서 일부일처제의 대가는 인간 자유의 대가와 마찬가지로 지속적인 감시인 것 같다.

모든 성적인 긴장과 어려움을 사회, 금기, 주입된 수치심과 죄의식, 경제적 압박, 종교 교리, 인위적인 성에 대한 고정관념 탓으로 돌리는 경향이 있다. 이런 것은 의심할 바 없이 어려움을 가중시킨다. 그러나 문명시대 이전에도 자연이 완전한 해결책을 제시했던 적은 거의 없다.

발정기에 대한 모든 정통 이론은 사바나 이론과 비슷한 약점을 갖고 있다. 그것은 수많은 다른 포유동물도 정확히 같은 문제에 직면했지만, 그들 중 어떤 종도 우리와 같은 해결책에 의지하지는 않았다는 점이다. 예를 들어 늑대 암컷은 새끼를 키울 때 수컷의 협조를 받는데, 늑대의 전략도 우리 인간처럼 수컷이 먹이를 구하고 암컷이 집에서 새끼를 돌보는 형태이다. 수컷은 멀리 사냥을 나가 먹이를 구해 가족에게 돌아온다. 이러한 부부관계는 일생을 간다. 그러나 늑대에게서 발정기의 가치는 효용성이 높기 때문에 그대로 유지된다. 이로 인해 수컷 간에 마찰을 일으킬 위험 없이 각자가 자기 배우자에게만 충실하므로 양성간의 조화가 지속적으로 증진된다.

인간의 발정기가 없어지게 된 것이 어떤 공통된 현상에 대한 우리만의 이례적 적응이라기보다 우리에게 닥친 특별한 곤경에 대한 적응이라고 보는 것이 더 타당해 보인다.

이 경우 곤경이란 수생 서식지와 관련될 수 있다. 포유동물의 발정기는 후각신호, 즉 암컷에게서 발산되는 페로몬 신호에 의해 전파된다. 페로몬은 공기로 전파되고, 상당히 먼 거리에서도 감지할 수 있다. 수컷 개는 멀리서도 발정기의 암캐를 찾아갈 수 있다. 그러나 물속을 걷거나 수영을 하는 유인원의 경우 페로몬이 분비되자마자 물에 바로 씻겨 버린다.

어떤 인류학자는 발정기가 항상 후각으로만 감지된다는 전제에 의문을 제기하기도 한다. 몇몇 유인원은 발정기 때 시각적인 신호를 보내기 때문이다. 예를 들어 침팬지는 질 주위의 피부가 주기적으로 부풀어올라 뚜렷한 핑크빛을 띠며 발정기에 최고조가 된다. 이런 현상이 개코원숭이나 짧은꼬리원숭이에게도 일어나며 수컷에게 보내는 시각적 신호로 해석되기도 한다.

그러나 시각적 신호가 원래 신호 목적을 위해 진화된 것으로 보이지는 않는다. 성적인 피부 융기 현상은 고릴라에서도 발견되지만 크기가 크지 않고 털로 덮여 있어 시각 효과가 거의 없다. 종 사이에 성적 융기 정도가 다른 것은 동물의 성생활 때문이 아니라 서식지와 관련된 것으로 보인다. 긴꼬리원숭이와 숲에 사는 침팬지를 제외하고는 이와 관련된 원숭이 또는 유인원 모두가 땅에 사는 종이다. 따라서 성적 융기의 정도는 땅바닥에 웅크리며 지내는 시간과 연관이 있을 것으로 추정된다. 가장 성적 융기가 심한 종은 개코원숭이와 겔라다개코원숭이로 평야나 암석지대에 사는 종이다. 가장 융기가 작은 종은 고릴라나 맨드릴개코원숭이처럼 땅이 부드럽고 잎이 많이 쌓여 있는 숲에 사는 종이다. 아마도 발정기 동안 암컷의 질이 땅에 직접 닿는 것을 방지해 암컷의 분비물이나 정액에 먼지와 모래가 섞여 교미 중에 질 안으로 들어가는 것을 막기 위해 그렇게 진화되었을지 모른다.

행동생물학자들도 인간이므로 후각이 예민하지 못하다. 그들은 암컷 침팬지의 엉덩이에 나타나는 핑크빛 시각 신호가 발정기의 가장 뚜렷한 신호이며, 이를 성적 주기와 연관시켜 생각했을 것이다. 그리고 수컷 침팬지에게 보내는 가장 확실하고도 중요한 신호로 간주하고 싶었음에 틀림없다. 그러나 실험은 수컷이 페로몬 신호에 먼저 반응한다는 것을 보여주었다. 발정기 암컷의 시각 신호를 감추어도 수컷 침팬지의 반응에는 별다른 변화가 없었으나, 후각 신호를 없애버리면 수컷은 급속하게 관심을 보이지 않는다.

포유동물의 경우 결국 수컷이 암컷의 발정기를 알아차리는 수단은 일차적으로 후각이라는 사실에는 의심의 여지가 없을 것 같다. 그러나 인간에게는 냄새를 인식하고 분석하는 능력이 매우 낮다. 우리 뇌의 후엽(olfactory lobe, 후각을 느끼는 대뇌 반구의 앞쪽 아래에 돌출된 부분 – 역자주)은 유인원에 비해 아주 작다. (이는 수생포유동물의 공통된 특성이다. 고래나 물개의 후엽은 거의 보이지 않을 정도로 작아졌다.) 따라서 발정기가 없어진 것은 적절하게 역할을 수행하지 못했기 때문일 것이다. 페로몬 분비물이 씻겨나가는 환경과 후각 능력이 줄어든 상황에서는 더 이상 어떤 후각 신호도 의미가 없었을 것이다.

또 하나의 가능성은 신호 전달 자체가 중요하지 않은 상황, 즉 수컷의 행동이 암컷의 주기 리듬에 더 이상 영향을 받지 않는 상황일 수 있다. 이런 일이 어떻게 생길 수 있는지 이해하기 위해서는 인간 성적 진화의 주요 특징 중 하나로 가장 통상적인 성행위 자세가 마주보기 자세로 변했다는 사실을 고려할 필요가 있다. 이는 수영이나 두 발 걷기로 인해 등뼈와 뒷다리가 일직선상에 놓이는 곧게 뻗은 자세의 직접적인 영향으로 볼 수 있다.

대부분 네발짐승은 암컷의 질이 뒤쪽에 있고, 질 입구는 피부보다 다소 붉은 빛을 띠며 단지 꼬리에 덮여 있을 뿐이다. (예외가 있다고 한다면, 유인원만 꼬리가 없다.) 인간은 직립보행으로 신체가 변형되어 질이 복부 앞쪽에 위치한다. 또한 몸속으로 들어가 유인원에게는 없는 두꺼운 대음순으로 덮이게 되었다.

두 발 걷기만으로는 이 모든 변화를 설명하지 못한다. 암컷의 질이 몸속 깊이 들어가 피부로 덮인 것은 육상 포유동물에게는 드문 일이지만, 수생 포유동물에게는 아주 흔하다. 또 하나의 인간 특징인 처녀막도 마찬가지다. 처녀막은 작은 원시 동물에서만 공통적으로 발견되며, 원래 기능은 아마도 임신 가능성이 가장 높은 기간에만 성생활을 하도록 하기 위함인 것 같다. 예를 들어 기니피그(guinea pig)는 처녀막이 각 출산시기가 지나면 다시 재생된다. 처녀막은 보통 원숭이에게는 없지만 마다가스카르 여우원숭이나 다른 원시 원숭이에서는 아직도 발견된다.

인간 여성에게 처녀막이 있는 것이 원시 유물이라고 생각하기는 어렵고, 수생 환경과 연관성이 있을 것으로 보인다. 피치텔리어스(K. E. Fichtelius)는 잘 발달된 처녀막은 서로 전혀 연관이 없는 많은 수생포유동물, 즉 이빨고래, 물개, 듀공 등의 특징이라고 지적했다.

배를 맞대는 마주보기 자세의 교미는 육상 포유동물의 경우에는 아주 드물지만, 바닷가에서 새끼를 양육하는 종을 제외하고 모든 수생 포유동물의 공통된 방식이다. 고래, 돌고래, 듀공, 매너티, 비버, 해달은 마주보기 자세의 교미를 하는 많은 수생동물 종류이다. 수생동물 종이 수영을 해서 이동하는 것은 인간의 두 발 걷기와 마찬가지로, 척추와 뒷다리를 가지런히 하여 네발짐승의 90도 자세가 아닌 똑바른 자세를 지니도록 했기 때문에 마주보기 교미 방식을 선호하게 되었다.

70년대 초에 육상 포유동물이 마주보기 자세로 교미를 하면 암컷에게 외상을 입힐 수 있다는 주장이 있었다. 모든 네발짐승에게 바로 누운 자세는 특히 상처를 입기 쉬운 자세이다. 유인원에게는 사적인 생활공간 침범을 다스리는 아주 엄격한 규칙이 있다. 교미나 몸단장을 위해 성체 사이에 다정하게 접근할 때는 보통 뒤쪽에서 한다. 성체 수컷이 정면으로 접근하는 것은 보통 공격적인 의도를 나타낸다. 유인원은 새와 달리 암컷에게 확신을 주기 위한 구애 행위나 전희를 거의 하지 않는다.

마주보기 교미가 포유동물 암컷에게 해를 입힌다는 주장은 단순한 추측일 뿐이라는 주장도 있었다. 유인원 중 마주보기 자세의 교미를 통상적으로 하는 종이 있고, 이런 행위가 이성 관계에 어떤 영향을 주는지 관찰할 수 있다면 이 주장을 검증할 수 있었을 것이다. 그러나 그런 종은 알려진 것이 없었다. 이후 오랑우탄의 성행위에 대한 연구가 수행되면서 몇 가지 진전이 있었다.

ⓒ김웅서

오랑우탄

1977년 내들러(R. D. Nadler)는 4쌍의 오랑우탄을 관찰하였다. 각 쌍의 수컷은 매일 암컷에게 접근할 수 있었으며, 4쌍 중 3쌍은 암컷의 발정기 동안 매일 한 번 이상 교미를 했다. (따라서 암컷 오랑우탄은 말하자면 인간의 여성처럼 '지속적 수용'으로 분류될 수 있다.) 교미는 마주보기 자세로 하였다.

　　'모든 교미는 본질적으로 수컷이 강간을 하는 방식으로 시작되었다. ……실험이 시작되면 수컷이 암컷을 쫓아가고 암컷은 우리 꼭대기로 도망가서 탈출을 시도하였다. 수컷은 암컷을 재빨리 잡고 바닥에 쓰러뜨리고는 난투극을 벌이면서 강제로 교미를 시작했다. 수컷이 삽입 동작을 하게 되면 암컷은 바로 수동적이 되었다.'

　　그러나 동물원이나 실험실 환경에서 유인원의 행동은 일관성이 없을 때가 많아서, 야생에서 행동 연구를 통해 확인할 필요가 있었다. 갈디카스(B. M. F. Galdikas)는 1971년부터 1975년까지 4년 동안 보르네오에서 오랑우탄을 관찰하였다. 실험실에서보다 교미 횟수는 줄어들었으나, 야생에서도 일반적으로 마주보기 자세의 교미와 잦은 강압적 상황이 관찰되었다. 암컷의 저항은 '짧은 싸움에서는 비명을 지르고 밀기도 하고 수컷의 손을 뿌리치기도 하고, 오래 끄는 격렬한 싸움에서는 교미하는 동안 내내 기회가 있을 때마다 강간에 대한 시끄러운 불평 소리를 내며 수컷을 물어뜯는 등 저항의 강도와 시간이 변하였다.'

　　오랑우탄의 마주보기 교미 자세는 수생환경이나 두 발 걷기 영향이 아니고 몸집과 서식지에 관련된 문제이다. 긴팔원숭이나 오랑우탄처럼 아시아 유인원은 아프리카 유인원과 달리 숲속에 사는 경우가 많다. 긴팔원숭이는 모든 유인원 중 가장 작고 민첩하여 유연하게 가지를 잡고 나무 사이를 움직인다. 하지만 오랑우탄은 이에 비해 몸집이 더 크고 느리다. 나뭇가지가 그 무게를 지탱할 수 없어 땅에 떨어질 위험이 있으므로, 이

나무 저 나무로 자유롭게 옮겨 다니지 못한다. 고릴라도 몸집이 커서 같은 문제가 있지만, 땅에 내려와 대부분 시간을 보낸다. 그러나 푸른 잎보다 과일을 주식으로 하는 오랑우탄에게는 땅에서만 지내는 것이 어려운 일이다. 그래서 오랑우탄은 먹이가 많은 나무 위에 계속 머물며 가지를 잡을 때는 손뿐만 아니라 발로도 잡으면서 아주 조심스럽게 움직인다.

이런 큰 동물은 나무 위에서 교미하는데 문제가 있다. 수컷은 혼자 살지만, 그의 영역 내에 4마리 정도의 암컷을 분산시켜 두고 있다. 암컷보다 2배나 큰 수컷 무게를 지탱하며 가지 위에서 암컷이 균형을 잡기는 사실상 힘들기 때문에, 네발짐승의 교미자세를 취하는 것은 거의 불가능하다. 암수가 뒤쪽에서 교미하는 것도 가지에 매달린 상태에서는 역시 어려운 일이다. 이때는 수컷이 잘해야 한 손으로만 암컷을 잡을 수 있는데, 이런 방법으로는 암컷이 나뭇가지 위에서 흔들리는 와중에 삽입을 하기가 힘들기 때문이다. 그러므로 수컷은 암컷을 적절한 곳으로 몰고 가서, 가지 사이에 암컷을 강제로 눕힌다. 이런 행동은 상당한 소동을 일으킬 수 있지만, 오랑우탄에게는 천적이 거의 없으므로 별 문제가 되지 않았을 것이다.

오랑우탄이 네발짐승의 표준 교미 방식에서 마주보기 방식으로 변화한 것이 언제였는지 정확히 알 수는 없다. 그러나 인간보다는 더 최근일 것으로 짐작된다. 여기에는 해부학적 이유와 행동적인 이유가 있다. 오랑우탄의 성기는 인간만큼 마주보기 성교에 적합하도록 변형되지 않았으며, 암컷의 행동은 수컷의 접근이 서툴거나 심지어 처음에 어떤 일을 해야 할지조차 모른다는 것을 보여준다. 실험실에서와 마찬가지로 야생에서도 수컷이 일단 삽입을 하면 암컷은 수컷이 원하는 바가 공격을 하려는 것이 아니라 성행위라는 것을 인식하고 보통 싸움을 그친다. 그때부터는 차분하지 못한 체념 상태(안절부절 못하고 주의를 둘러본다.)로 변하거나 초연한 수동성(수컷이 교미를 할 때 먹기를 계속하거나 손을 뻗어 과일을 딴다.)을 보인다. 암컷이 성숙하거나 경험이 많을 때, 그리고 발정기일 경우 교미가 싸움 없이 완전히 협조적으로 이루어진다.

오랑우탄에게 발정기가 아직 남아 있기는 하지만, 숲에 살기 때문에 성적으로 부풀어오르는 형태의 시각적 표시가 없으므로 발정기를 탐지하기가 쉽지 않다. 그러나 한 연구 결과는 오랑우탄에게도 발정기가 있음을 보여주었다. 암컷과 수컷을 실험 우리의 격리된 방에 넣고, 두 방 사이에 암컷이 원할 때만 드나들 수 있도록 작은 문을 만들었다. 수컷은 몸집이 커서 이 문을 통과할 수 없었다. 수컷이 자유롭게 드나들 수 있었던 이전 실험에서는 매일 교미가 이루어졌지만, 암컷만 다닐 수 있도록 한 실험에서는 교미가 29일 주기의 중간쯤인 배란기의 짧은 기간 동안에만 일어났다.

이는 '지속적 수용'이라는 인류학적 개념이 여성의 성향과는 거의 관계가 없음을 명백히 보여준다. 오랑우탄의 발정기 경우 암컷이 성적 접근을 환영하며 협조하겠다는 반응을 더 이상 수컷에게 보여주지 못하므로 발정기 신호의 유무가 수컷에게는 문제되지 않는다. 기회는 수컷이 특히 젊은 암컷에게 수시로 접근하여 공격할 때마다 생기는 것이다. 일단 이런 상황이 발생하면, 가장 자식을 많이 남긴 수컷은 힘을 사용해 강제로 교미를 한 수컷이 될 것이다. 따라서 이런 행동이 종의 특성이 된 것이다. 이런 상황에서는 교미의 빈도가 암컷의 지속적 순응성보다는 수컷의 지속적인 성욕과 이를 쉽게 억제하지 못하는 상황에 달려 있다. 모든 실질적인 목적을 위해, 발정기는 이제 필요없어지고 실제로 시간이 지나면서 점차 사라지게 되었다.

인간의 경우 발정기가 이미 사라졌다. 여성의 욕구는 더 이상 내부의 주기적 호르몬 변화에 따라 변하지 않는다. 생물학적 의미에서 발정기는 종의 생존에 부적절한 요소가 되었다. 남성의 욕구는 충분히 능동적이고 강해서 여성이 생식과정을 원하건 원하지 않던 간에 출산할 수 있게끔 되었다. 어떤 생물학적 특성이 생존에 필요 없으면 자연선택의 힘은 변화나 안정화의 방향과 관계없이 영향력을 미치지 않는다. 그 결과 이런 특성이 개인별로 광범위한 변화를 보이게 된다. 쉬운 예로 대장에 붙어 있는 충양돌기인 맹장을 들 수 있다. 인간에게 맹장은 원래 섬유질 소화 기능을 가졌었는데, 더 이상 필요가 없어지면서 이제는 흔적만 남았다. 그리고 형태의 변화가 상대적으로 심해졌다. 맹장의 평균 길이는 7~10cm이지만, 어떤 경우에는 18cm까지 되는 경우도 있다. 또 아예 없는 경우도 있다.

여성의 성욕 정도는 개인별로 유전적으로 다를 가능성이 높다. 그러나 여기에는 사회적 환경이 강한 영향을 미친다. 환경 요소에는 초기 성장 조건, 교육, 사회적 문화적 배경, 친구들의 영향, 생애 중에 일어난 사건, 특히 어릴 적과 사춘기 때 경험한 사건들이 포함된다. 같은 요소들이 남성에게도 영향을 주지만, 남성의 성적 행동에는 본능적 요소가 강하므로 영향이 제한적이다.

서로 다른 문화 배경을 가진 여성들끼리, 또는 사회가 빠르게 변하는 시기에 세대가 다른 여성들끼리 사랑과 성에 대한 경험을 이야기하면서 대화를 나눌 때, 서로 이해의 장벽을 느끼는 경우가 많다고 한다. 이 세상 어딘가에 단순하고 자연적인 성적 반응을 보이는 진실하며 '올바른' 여성 부류가 있을 것이라는 견해도 많다. 만약 이런 여성 집단이 실제로 있다면, 우리 전후의 모든 세대, 또는 다른 지역에 살고 있거나, 이에 동의하지 않는 모든 다른 여성들은 언제나 자기 기만적이고, 세뇌되어 있으며, 거짓말한다는 이야기나 마찬가지이다.

이는 분명 잘못된 견해이다. 이 세상 어딘가에 자연이 우리에게 준 언어를 말하는 부족이나 인종이 있으며, 그 나머지 모든 사람들은 거기서 일탈했다고 믿는 경향이 있다. 이것 역시 흔히 믿고 있는 잘못이며, 여성들은 어떤 시기에는 비정상적인 타락으로, 또 다른 시기에는 비정상적인 불감증으로 질책을 받았던 두려움에 대한 현재의 고정관념에 따르는 스트레스를 받고 있다.

인간은 오랑우탄보다 훨씬 이른 시기에 마주보기 성교 자세로 바꾸었으며, 행동적으로나 신체적으로 이런 자세에 적응하면서 수백만 년의 시간을 보낸 것으로 보인다. 인간은 서로 의사를 전달하는데 더욱 치밀한 언어와 비언어적 방법을 발전시켜왔다. 또한 인간의 질은 마주보기 성교가 가능하도록 앞쪽으로 이동했다. 그 축도 대부분의 네발짐승처럼 자궁과 일직선상에 있지 않고, 자궁과 90도 이상의 각도를 갖도록 진화하였다.

이런 변화가 인류 분화의 초기인 루시 전에 일어났으며, 초기에 여자들의 반응은 오랑우탄처럼 혼란되고 저항적이며 성적 조화를 깨뜨리는 것이었을지도 모른다. 아마도 인간 특성으로 보이는 성과 폭력의 심리적 연관성이 다른 포유동물의 유산 목록에는 없지만, 우리에게는 진화의 흔적으로 남아 있음을 확실히 인정해야 할 것이다.

대부분 야생동물에게 성과 적대감은 양립할 수 없다. 성적 활동은 수컷 사이에는 적대감을 일으킬 수 있지만, 성적 상대에게는 그렇지 않다. 대다수 네발짐승의 경우 강간이 알려진 것은 없다. 발정기로 인해 강간에 대한 보상이 없고, 물리적으로도 불가능하다. 암말이나 암컷 여우, 암컷 고양이 등은 교미가 싫으면 꼬리를 내리고 도망쳐 버리면 된다. 아니면 그냥 가버리기만 해도, 실제로 교미 행위가 발생하지 않는다. 만약 암컷이 순응한다면, 그냥 가만히 있으면 된다. 인간은 강간이 가능한 극소수 동물이며, 실제로 강간이 발생하는 더욱 극소수 동물에 속한다.

우리 중 일부는 인류 기원에 관한 이런 상황을 생각만 해도 기분이 언짧을 것이다. 인간은 지성과 통찰력, 민감성을 부여받았다. 우리는 본능에 좌우되지 않는다. 인간의 사랑은 동물과는 달리 아주 위대한 복잡성을 지니고 있다.

그러나 인간의 사랑이 순수한 본능적 행동 양식이 아니라는 것은 역으로 이것이 자연스러운 방식이 아니라는 사실을 보여준다. 본능적 행동은 놀라울 정도의 효율성과 신뢰성을 갖는다. 제비의 날기, 거미의 줄치기, 멋장이새의 둥지 틀기 등의 기능은 천부적인 능력에 달려 있고, 남에게 배운 것이 아니기 때문에 거의 완벽하게 해낼 수 있다. 하등한 종에서는 성에 관해서도 똑같은 상황이 나타난다.

그러나 인간을 포함한 많은 유인원은 태어나면서부터 성생활을 완전히 체득한 것이 아니다. 성장하면서 배워야 한다. 만약 원숭이가 2살 정도까지 동족과 떨어져 양육된다면 다시 동족과 함께 살게 되었을 때 교미 방법을 시행착오를 통해서는 알아내기 힘들다. 떨어져 양육된 일부 암컷은 능숙한 수컷을 만났을 때 성공적으로 교미할 수 있을지 모르지만, 그런 환경에서 자라난 수컷은 결코 성공하지 못한다.

인간도 마찬가지다. 빅토리아시대의 의학 기록에 성인이 될 때까지 인생사에 대한 이야기를 들어보지 못한 채 엄격하게 자란 젊은 남성들의 아주 희귀한 경우가 소개되어 있다. 그들은 비슷한 상황에서 자란 여성과 결혼하여 성생활을 하지 못한 채 살았다. 충동은 강하나 어떻게 해야 할지 본능적 지식이 부족한 경우, 부족의 연장자가 그들 나름의 지침을 정해놓고, 이를 어기는 자에게 벌을 준다고 선포하는 경향도 있다.

성적 관습을 규정하거나 개혁하려는 사람들은 흔히 그들이 지지하는 행동이, 마치 본질적으로 충분히 권고할 만한 것처럼, 자연이 의도한 바라고 주장한다. 이는 실제로 그리 좋은 기준이 아니다. 우리의 진화 유산을 의인화한 '자연'은 원래 그렇게 현명하지 못하다. 자연은 환경 위기와 우여곡절에 따라 임시방편의 해결책을 제시해서, 큰 성공을 거두기도 했다. 그러나 성(性)과 관련해서는 우리에게 혼란스러운 유산만을 남겨주었다.

인간의 문제는 빠르게 발전하는 현대 세계에서 어떻게 최선의 방책을 구현하느냐에 달려 있다. 아마도 지금은 우리가 어디로부터 왔는지 하는 문제에 집착하기보다는, 우리가 어디로 가기를 원하는가에 집중할 때이다. 결국 우리가 아직 제대로 사용하지 못하고 있는, 생각하고 소통하고 우리 자신과 자손의 더 나은 삶을 위해 내린 결정의 장기적인 결과를 예측하는 능력과 같은 우리가 가진 독특한 강점이 우리의 약점을 상쇄하고도 남을 것이다.

13. 수생유인원 이론과 반론

'한 분야에서 오래 연구한 과학자들은 변화를 좋아하지 않는다. 그들은 새로운 패러다임과 그 지지자들에게 강한 적대감을 나타낸다. 그들이 세상을 떠나기 전에는 이런 상황을 해결하기가 불가능하다(플랑크의 법칙).'

마이클 루즈(Michael Ruse)

플랑크의 법칙(Plank's Principle)은 한 과학자 집단이 새로운 가설을 선입견 없이 공정하게 검토할 수 있으려면 한 세대가 흘러야 한다는 사실을 보여준다. 익숙하지 않은 이론에 대한 과도기적 반응은 그 이론의 장점과는 거의 관계가 없다. 스티븐 제이 굴드(Stephen Jay Gould)는 베게너(Wegener)의 대륙이동설에 대한 초기 반응을 다음과 같이 기록했다.

'대륙이동설의 직접적인 증거, 즉 각 대륙의 노출 암석에서 수집된 자료는 모두 요즘 것처럼 좋았지만, 이 이론은 거의 일반적으로 배척을 받았다. 대륙이 단단한 해양지각을 헤치며 움직일 수 있는 물리적 방법을 아무도 이해하지 못했기 때문이다. 대륙 이동은 이러한 메커니즘의 이해

없이는 불합리해 보였다. 따라서 보수적 지질학자들은 인상적인 증거물들을 연관성 없는 일련의 우연한 일치로 간주하였다.'

생명과학 분야에서 이런 일이 다시 벌어지고 있다. 털이 없는 인체, 직립 보행, 지방층, 눈물, 피지선, 후두의 하강, 아포크린선의 퇴화 등 많은 인상적인 특징들은 수생유인원이론(Aquatic Ape Theory)을 통해 간결하고 일관된 논리로 설명될 수 있다. 정통 사바나 이론으로는 이 가운데 많은 것을 설명하지 못하며, 일부 설명조차도 '연관성 없이 발생한 일련의 우연한 일치'처럼 다양한 원인 탓으로 돌리고 있다.

연관성 없는 우연한 일을 가정할 필요가 없는 수생유인원이론은 과학적이지 못하다는 비판을 받는다. 다윈은 그의 이론이 회의적인 반응을 받았을 때, 바로 이런 면을 강조하며 끝까지 밀고 나갔다. 그는 다음과 같이 썼다. '나는 난관과 반대가 끔찍했다고 내 자유의지로 고백하지 않을 수 없다. 그러나 잘못된 이론이 이렇게 많은 사실 관계를 설명할 수 있다고는 도저히 믿을 수 없다.'

환영받지 못하는 이론에 대한 한 가지 반응은 이 이론 자체를 무시하는 것이다. 이는 상당히 효과적이다. 만약 새로운 개념이 만든 사람의 생생한 상상력 외에는 별다른 것이 없다면, 망각 속으로 금방 잊혀질 것이다. 수생이론이 처음 나왔을 때도 반응은 마찬가지였다.

1930년 알리스터 하디(Alister Hardy)가 젊은 해양생물학자로서 인간의 진화에 관한 수생유인원이론을 생각하게 되었을 때, 그의 친구들은 이런 이단적인 생각을 출판하는 것은 직업적인 자살 행위나 다름없다고 경고했다. 하디는 나중에 '나는 좋은 직업을 원했고, 왕립학회 회원이기를 바랐다.'고 솔직히 인정했다. 그래서 이후 30년 간을 침묵으로 보냈다. 1960년 마침내 자신의 생각을 출판하였을 때, 과학계에서는 아무런 반응도 보이지 않았다.

알리스터 하디 (Alister Hardy, 1896~1985)

한편 유럽에서 똑같은 생각을 가진 사람이 한 명 더 있었다. 어떤 새로운 생각이 나타날 때면, 한 사람 이상이 독립적으로 표명하는 경우가 많다. 가장 좋은 예는 찰스 다윈과 자연주의자 알프레드 러셀 월리스(Alfred Russel Wallace)에 의해 독립적으로 제기된 자연선택이론이다. 독일의 막스 베스텐훼퍼(Max Westenhöfer) 교수는 1942년 인간 진화에 대한 책을 썼는데, 여기서 수생유인원이론에 대한 내용을 한 장(Chapter)에 걸쳐 언급했다. 그러나 이는 무시되었고, 독일 밖에서도 이런 사실을 아는 사람이 거의 없었다. 하디 자신도 이 이론을 자신이 처음 출판한 것이 아니라는 사실을 알지 못한 채 세상을 떠났다.

그럼에도 불구하고 수생유인원이론은 사라지지 않았다. 싸늘한 반응을 받았지만 수생유인원이론은 굳건하게 살아남았고, 지지자가 점점 늘어갔다. 인류학 세미나에서 교수들이 학생들로부터 수생유인원이론에 대한 질문을 받는 성가신 일이 빈발하기 시작했다.

반대론자들의 가장 확실한 반응은 다음과 같이 나왔어야 했다. '우리는 수생유인원이론의 힘을 빌리지 않더라도, 인간의 모든 특성을 더 우아하게 그리고 분명히 설명할 수 있으며 설명은 다음과 같다.' 그러나 학생들은 이런 말 대신 다음과 같은 대답을 들을 수밖에 없었다. '설명은 기존 문헌에 모두 나와 있으니 가서 조사해 보라.' 저자가 이 책을 쓴 목적은 학생들이 이러한 조사를 하는 데 드는 시간과 노력을 절약할 수 있게 하는 데 있다. 저자가 아는 한 기존 문헌의 관련 이론은 이 책에 모두 언급되어 있다.

또 하나의 반응은 학문적 관점에서 이 문제에 대한 논의 자체를 거부하는 것이다. 수생유인원이론은 진정한 의미에서 과학적이지 못하기 때문에 관심을 받을 가치조차 없다는 주장이다. 수생유인원이론은 검증 가능한 예측이 아니므로, 오류가 입증될 수 없다고 한다. 또한 새로운 사실이 발견되면 논지가 자주 바뀌며, 반대되는 증거가 있더라도 지지자들의 확신이 흔들리지 않는다고 주장한다.

이것이 사실이라면 수생유인원이론에는 정말 치명적이지만, 같은 기준을 과학적으로 신뢰받는 사바나 이론에 적용해 보면 그렇지만도 않다. 사바나 이론 역시 검증 가능한 예측이 없고, 새로운 발견이 있을 때마다 논지를 자주 바꿔왔다. 사바나에 사는 육식동물은 식물 종자를 먹는 동물로 변했고, 평원에서 느리게 진화한 인류는 신속하게 진화한 인류로 바뀌었으며, 큰 두뇌를 가지고 연장을 사용할 줄 아는 자가 직립보행을 하게 된 것이 아니라, 연장을 사용하지 않는 직립보행자가 점차 큰 두뇌를 가지게 된 것으로 수정되었다.

이 모든 변화에도 불구하고 사바나 이론 지지자들은 자신들이 근본적으로 옳았고 지금도 옳다는 믿음을 변함없이 가지고 있다. 사바나 이론이 수생유인원이론보다 더 과학적이라는 주장은 모호하며 어디에도 근거가 없다.

열성적인 몇몇 인류학자는 하디가 이런 생각에 도달한 방법과 그의 생각을 인정하는 일부 사람들의 열정 때문에 하디의 수생유인원이론에 대한 생각이 진지하게 취급되기에는 적절하지 않다고 생각한다. 하디는 남극 원정에서 돌아와 프레더릭 우드 존스(Frederick Wood Jones)의 책을 읽던 중 갑자기 인간 진화에 대해 그가 알고 있던 모든 생각이 머릿속에서 전광석화처럼 새로운 형태로 배열되었던 것이다.

그의 비판자들은 오늘날의 과학자는 성 바울이 다마스쿠스로 가는 길에서 받은 것과 같은 극적인 계시를 받아서도 안 되고 받을 수도 없다고 주장한다. 그들은 새로운 진리는 수년간 힘든 노력을 기울여 신 이론을 만들어가는 새로운 자료를 제시한 사람들에게만 주어질 수 있다고 한다. 결코 우리는 아르키메데스 시대에 있지 않으며, 하디는 인류학자가 아니라 해양생물학자이며 자신의 전문 분야에만 집중하면 된다는 것이다.

그러나 '유레카' 경험이 아르키메데스와 함께 사라진 것은 아니다. 자연선택이론은 알프레드 러셀 월리스가 1858년 동인도에서 말라리아와 싸우고 있을 때 갑자기 생각난 것이었다. 그 순간 월리스는 펜과 종이 그리고 촛불을 찾아 병상 침대에서 뛰쳐나왔다. 월리스가 이 이야기를 다윈에게 했을 때, 다윈도 마차를 타고 있었을 때 똑같이 흥분된 경험을 했으며 그때 마차가 달리던 지점까지 정확하게 기억하여 월리스에게 말해 줄 수 있었다.

마이클 루스(Michael Ruse)는 『다윈적 패러다임(The Darwinian Paradigm)』이란 책에서 절반쯤 잊혀진 베게너의 생각이 금세기에 다시 등장하게 된 상황을 말해주고 있다. '우리는 자유롭고 흥분한 지질학자들이 어떻게 새 이론을 발견하는지 이미 잘 보아왔다. 그들 대다수는 어떤 전환기적 경험을 통해 새 이론에 도달했음이 명백해 보인다.' 타냐 애트워터(Tanya Atwater)라는 학자는 지질학적 혁명의 초기 단계를 다음과 같이 회상하고 있다.

'머릿속의 잡다한 생각들이 갑자기 질서 있는 전체 체계로 재배열되는 것은 놀라운 일이다. 그것은 내부 폭발과 같은 현상이다. ……추수감사절 때 나는 내 생각을 존 크로웰(John Crowell)에게 말해 주었다. 나는 깊은 자의식이 형성되는 것을 느꼈다. 내가 그에게 가위와 종이를 가지고 해양지질학부터 육상지질학에 이르기까지 설명하고 있다는 사실을 알고는 당황했다. 그는 인내심을 가지고 내가 길게 횡설수설 하는 것을 경청하더니 막판에 이르러서는 크게 흥분하였다. 머리에 무엇인가 번쩍이는 것처럼 보였다. 그는 갑자기 나를 제지하고 다른 방으로 뛰어가더니 어디서 얻었는지 산안드레아스(San Andreas) 지구대 활동 증거를 나타내는 지도를 가지고 와서 보여주었다. 예측된 모든 것이 거기 있었다. 우리는 얼어붙은 듯 서서 지도를 바라보았다.'

엄격한 과학자라면 단지 눈썹이 올라가는 정도일 수 있다. 그러나 머릿속에서 폭발과 같은 격정을 통해 탄생한 이론은 신뢰할 수 없다는 주장을 부정하는 명백한 사례가 아닐 수 없다.

최근에 일부 과학자는 이러한 추상적 계시를 포기하고 증거에 몰입하기 시작했다. 그러나 그들은 정통 사바나 이론에도 똑같이 적용할 수 있는 기준을 수생유인원이론에만 적용하는 실수를 여전히 반복하고 있다.

예를 들어 모든 수생동물이 털이 없는 게 아니므로 털 없는 피부가 수생환경에 적응한 증거가 될 수 없다고 한다. 그러나 같은 논리라면 사바나 환경에의 적응도 확실히 인정할 수 없을 것이다.

마찬가지로 일부 사람이 물을 두려워하므로 인간 조상이 바다 환경에서 살 수 없다는 주장은 일부 사람이 고소공포증이 있으므로 인간 조상이 숲 환경에서 살 수 없었다는 주장이나 마찬가지이다. 수생유인원이론을 본능적으로 받아들일 수 없는 이유를 좀 더 분석하여 본질적인 근거를 제시하는 사람들도 있었다.

그중 하나가 수생유인원은 물속의 추위에서 살아남을 수 없다는 주장이다. 이 주장에 따르면 유인원은 온혈동물이므로 체온을 유지하지 못하면 죽는다. 물속에서는 대기 중에서보다 더 빨리 체온을 빼앗기므로 위험할 수밖에 없다는 것이다. 이를 증명하려는 자료가 제시되었는데, 수온이 28℃ 이하에서 인간의 체온이 내려가기 시작해 23℃ 이하가 되면 심장 박동 중지로 사망 위험에 처할 수 있다고 한다.

이 주장은 그럴듯하지만 벌이 날 수 없다는 이론적 증거처럼 실제로는 있을 수 없는 일이다. 만약 그렇다면 어떤 온혈 동물도 물에서는 살 수 없을 것이다. 하지만 실제로 많은 종류의 포유동물이 물에 살고 있음을 우리는 잘 알고 있다.

이런 주장은 현대 인간에게도 적용되지 않는다. 한국과 일본 남부의 해녀들은 잠수하여 조개와 식용 해조류를 채취해서 생계를 유지한다. 여름에는 간단한 옷만 허리에 두르고 하루 4시간씩 최대 25m까지 잠수하여 일한다. 수온이 10℃까지 떨어지는 겨울에는 가벼운 면 수영복만을 착용한 채 짧은 시간 동안만 잠수한다. 런드(Lund)대학의 동물학자 커스텐 슈트마(Kirsten Schuitema)는 '인도네시아의 한 성인 집단은 매일 평균 6시간을, 아이들은 4~5시간을 물속에서 보낸다.'고 보고했다. 개인에 따라서는 잡은 것을 집으로 옮기는 20~90분의 짧은 시간을 빼고는 매일 10시간 이상을 바다 속에서 보내는 사람도 있었다.

1987년 미국 여성 린 콕스(Lynn Cox)는 잠수복이나 라놀린옷을 착용하지 않고 알래스카에서 러시아까지 베링해협을 헤엄쳐 건넜다. 그녀는 최고 7℃, 최저 3℃ 되는 바닷물에서 4시간 동안 수영했으며, 이는 앞서 언급한 인간에게 치명적인 수온보다 20℃나 낮은 온도이다. 물론 그녀는 심장마비로 죽지 않았다. 그러므로 계산으로 추정되는 몸의 열 손실과 관계없는 어떤 다른 요소가 있음에 틀림없다. 한 가지 확실한 것은 물속에서 보온 역할을 하는 지방층의 역할이지만 이 외에 다른 요소도 많이 있을 것이다.

도날드 레니(Donald W. Rennie)는 해녀들이 얼굴만 물 밖으로 내놓은 채 3시간 동안 수조에 누워 있는 실험을 하였다. 같은 집단에 속하며 피하지방 두께가 비슷하지만 해녀가 아닌 한국여성을 같은 방식으로 물속에 있게 하였다. 레니는 해녀가 다른 일반 여성보다 열 손실이 더 적다는 것을 발견했다. 그와 동료 연구자들은 추위에 적응하는 잠재적인 인체 적응 방식이 있음에 틀림없다는 결론을 내렸다. 레니는 '해녀들이 지방층으로 보온하는 것과 함께 피부의 혈관 특히 팔다리에서 열손실을 억제하는 일종의 혈관성 적응 기능이 있을 것'으로 추정했다.

수생 포유동물은 같은 크기의 육상 포유동물에 비해 더 많이 먹을 필요가 있었을 것이다. 한국의 해녀는 같은 또래의 다른 한국 여성에 비해 하루에 칼로리 섭취량이 평균 50% 정도 더 많다.

그러나 먹이는 수생 유인원에게는 큰 문제가 되지 않았을 것이다. 열대 습지와 바다는 세계에서 가장 풍부한 식량원이 있는 지역이다. 이곳은 먹이 공급량과 다양성 그리고 쉽게 먹이를 얻을 가능성 측면에서, 사바나 지역보다 유인원에게 훨씬 유리하다.

예를 들어 개코원숭이가 얻을 수 있는 자원은 주로 잎, 씨, 꼬투리, 뿌리, 알뿌리 그리고 작은 과일 등에 한정된다. 식량을 구하는 방법도 다양한데 개코원숭이는 이빨로 풀뿌리를 잡아당기지만, 겔라다개코원숭이는 손으로 끌어당긴다. 하지만 사바나에서 얻는 먹이는 실제로 쉴 틈 없이 찾아다녀야 할 정도로 빈약하고 단조롭다. 오스트랄로피테쿠스와 같은 초기 인류에게 사바나는 그야말로 불친절한 장소였을 것이다. 때때로 그들은 일부 개코원숭이가 하는 것처럼 썩은 고기를 먹거나 기회를 보아 작은 동물을 잡아먹음으로써 그들의 식단을 보충할 수 있었을 것이다. 그러나 사체를 먹는 하이에나와 대머리독수리처럼 더 사납고 전문화된 종들과 경쟁해야 했을 것이다. 직립보행에 적응하는 초기 단계에서는 속도도 느렸고 먹이를 얻기 위한 자연적인 또는 인공적인 도구도 미처 갖추지도 못했을 것이다.

반면 바닷가에는 듀공이나 바다거북의 사체처럼 뜻밖의 수확물은 차치하더라도, 식용 수생식물과 물고기, 갑각류, 이매패류, 연체동물, 기타 무척추동물, 바닷새의 알처럼 식량이 풍부하다. 이들 대부분 먹잇감은 연중 언제라도 있으므로, 수생영장류가 육상에서 사냥에 필요한 기술이나 무기를 아직 개발하지 못한 상태에서도 초식성에서 잡식성으로 넘어갈 수 있는 좋은 계기를 제공했을 것이다. 예를 들어 몇몇 침팬지는 호두를 깨서 먹을 줄 안다. 이를 보면 짧은꼬리원숭이가 게를 잡아먹을 때처럼, 수생유인원도 작은 조개를 깨서 먹는 데 어려움이 없었을 것이다.

식단의 변화는 한 종에 지대한 영향을 미칠 수 있다. 우리가 가장 자랑하는 인간 고유의 특성인 두뇌를 발전시키는데, 이러한 식단이 중요한 요소로 작용했을 가능성이 아주 높다.

14. 인간 두뇌와 개코원숭이

'사실에 입각한 보편적인 추론의 가장 확실하고 좋은 특징은 바로 그 증거가 가장 기대하지 않았던 곳에서 저절로 인지된다는 점이다.'

허쉘(J. F. W. Herschel)

한때 인간 두개골의 진화가 화석 공백기보다 훨씬 뒤인 호모 하빌리스(*Homo habilis*) 시기에 전기를 맞았다고 생각한 적이 있었다. 그러나 1982년 로버트 마틴(Robert Martin)은 화석과 비교해부학적 증거를 가지고 이런 생각을 재검증하였고, 스케일링 분석을 통해 다른 유인원에 비해 인간 두뇌가 성장하기 시작한 것은 적어도 5백만 년 전이라는 사실을 증명하였다. 이는 돌발적인 사건이 아니라 점진적인 현상이었고, 호모 하빌리스 시기에 가속화되었다는 것은 분명하다.

로버트 마틴의 접근방식은 창의적이었다. 그는 두뇌 발달이 적응을 위해서인가 아니면 바람직한가를 묻지 않고, 두뇌 발달이 왜 다른 영장류가 아닌 유독 인간에게만 일어났는지 의문을 가졌다. 에너지 관점에서 두뇌 조직은 다른 신체 조직과 달리 만들고 유지하는 데 특별히 많은 비용을 필요로 한다. 따라서 임신과 수유기에 어머니에게 무거운 짐이 될 수 있다. 이것이 많은 종에게 상대적 두뇌 크기와 먹이 종류의 상관관계를 결정하는 한 가지 원인이 될 수 있다. 예를 들어 과일을 먹는 박쥐의 뇌는 곤충을 먹는 박쥐 뇌보다 2배 크다. 잎을 먹는 원숭이는 가까운 종인 과일을 먹는 원숭이보다 뇌가 더 작다. 먹이를 놓고 볼 때, 숲에서 사바나로 이동한 것이 두뇌를 더 잘 성장시킬 수 있다고 보이지는 않는다. 긴꼬리원숭이과에 속하는 개코원숭이, 맨드릴원숭이, 파타스원숭이, 붉은원숭이 등은 숲에 서식하거나 사바나에 서식하거나 종 사이에 두뇌 크기의 차이가 거의 없다.

마틴의 결론은 이렇다. '인간은 독성이 없는 먹이를 꾸준히 안정적으로 얻을 수 있는 환경 조건에 적응하면서 진화해 왔음에 틀림없다.'

1989년 마이클 크로포드(Michael Crawford)는 바닷가에서 찾을 수 있는 먹이가 풍부함, 다양함, 연중 이용 가능성뿐만 아니라 두뇌 성장에 특별히 유리한 요소도 가지고 있다고 판단했다. 또한 뇌 조직 발달에 오메가-6과 오메가-3 지방산의 지속적인 일대일 균형이 중요하다고 지적했다. 이 두 형태의 불포화 지방산은 모두 건강에 중요하며 우리 몸은 이 중 어느 하나를 다른 하나로 대신 사용할 수 없다. 이 중 오메가-3은 육상 먹이사슬에는 상대적으로 드물지만 해양 먹이사슬에는 풍부하다.

두뇌 크기 문제의 가장 일반적인 시각은 두개골 내부 크기가 커졌기 때문에 인간이 보다 지성적으로 되었다는 것이다. 이를 '빨간 모자(Red Riding Hood, 미국 소설가 사라 블라클리 카드라이트가 쓴 소설의 제목 - 역자주)' 이야기 방식으로 이야기하자면 이렇지 않을까? '인간, 너는 참 큰 머리를 가졌구나. 머리도 더 좋겠네.'

이런 생각은 미심쩍은 추정이다. 인간 두뇌의 절대적 또는 상대적 크기와 지능은 서로 아무런 관련이 없다. 오늘날 복잡한 문명세계에 사는 인간조차 단지 두뇌 잠재력의 일부분만을 사용하고 있을 뿐이다. 두뇌를 스캔해보면 두뇌의 절반 정도를 잃은 사람도 정상 생활을 하는 데 거의 지장이 없는 것을 알 수 있다.

동물 종의 경우 두개골 크기와 지능 사이의 상관관계도 마찬가지다. 앵무새 지능에 관한 최근 연구는 우리가 앵무새를 '명예 영장류'라고 부르는데 일조하였다. 앵무새의 작은 두뇌는 사물을 분류하여 색, 모양, 구성을 유추하는 능력을 가지고 있다. 이는 침팬지에 버금가는 능력이다. 사람들은 한때 돌고래의 큰 뇌가 음파를 주위로 내보내 반사되는 것을 해석하는데 필요한 복잡한 지능을 지녔다고 생각했다. 그러나 쥐 정도 크기의 뇌를 가진 박쥐도 최소한 돌고래만큼이나 잘 작동하는 축소형 음파탐지기를 지니고 있는 것으로 밝혀졌다.

인간의 진화사에서도 두뇌 크기와 지능간의 상관관계가 그리 잘 맞는 것 같지는 않다. 우리 대부분은 인간이 진화함에 따라 두개골이 점점 커지고, 머리도 더 좋아졌다고 믿고 있다. 그러나 네안데르탈인의 머리는 우리보다 조금 더 컸으며, 그렇다고 해서 그들이 우리보다 더 지적이었다고 말하고 싶지는 않을 것이다. 또한 인간 두개골이 성장을 멈추면, 인간 지성도 성장을 멈춘다고 믿고 싶지 않을 것이다.

따라서 '빨간 모자' 이야기는 증거가 부족하다. 가장 그럴듯한 모델은 우리가 유인원 조상의 유아 형태로 남아 있다는 유형성숙(neoteny) 개념이다. 인간 성장률은 어떤 점에서 느려졌으므로, 우리는 탄생과 죽음 사이의 여러 발달 단계 중 뇌가 빠른 속도로 성장하는 유아 단계에서 더 긴 시간을 보내게 되었다는 것이다. 빠른 뇌 성장 시기가 늘어남으로써 인간이 상대적으로 큰 두뇌를 갖게 되었으며, 머리에 대한 몸의 비율이 성숙한 유인원보다 어린 유인원에게서 더 크게 나타나는 것을 보면 잘 알 수 있다. (유형성숙 요인과 생태적 요인은 물론 서로 의존적이다. 유형성숙은 진화적 변화 방식이며 먹이 공급 변화와 같은 환경조건은 이 방식의 작동을 촉진하거나 중단시킬 수 있다.)

1989년 그로브스(C. P. Groves)는 초기 영장류 화석에서 현대인에 이르기까지의 상세한 설명을 수록한『인간과 영장류 진화에 관한 이론(A Theory of Human and Primate Evolution)』을 출간했다. 이 책 끝 부분에서 그는 '두뇌의 확장이 유형성숙의 부수현상이라는 생각을 변호할 준비가 되어 있다'고 선언했다.

일반적인 유형성숙 시나리오는 큰 두뇌가 어쨌든 바람직하게 적응한 형태이므로, 인간이 털이 없는 것과 같은 다른 불리한 특성들과 함께 한 묶음으로 어쩔 수 없이 받아들일 수밖에 없었다는 것이다. 그러나 그로브스의 주장은 정반대이다. 그로브스는 두뇌성장이 '그렇게 선택된 것이 아니라, 우리 성장 방식의 속도 변화로 우연히 파생된 결과일 뿐이다.'라고 주장했다.

그러므로 그는 두 가지 좋은 질문을 던지고 있다. 대부분 유형성숙 설명은 현대인과 지금 또는 원시의 유인원을 비교하는 데 그치고 있다. 그러나 그로브스는 정확히 언제 유형성숙 흐름이 시작되었는지를 묻고 있다. 그는 마틴이 두뇌 확장에 대해 이야기한 것처럼, 유형성숙도 점진적인 현상으로 생각했다. 짧아진 얼굴처럼 몇 가지 유형성숙 특징은 아주 초기에 나타났으며, 예를 들어 루시도 이런 특징을 보여주고 있다.

두 번째 질문은 왜 이런 일이 일어났느냐 하는 것이다. 어떤 종에게 아무런 이유도 없이 유형성숙이 나타나지는 않는다. 가장 좋은 예가 유명한 양서류인 액소로틀(axolotl, 미국과 멕시코에 사는 도롱뇽의 일종으로 아가미가 머리 양쪽으로 튀어나와 있는 특징이 있음 - 역자주)이다. 이 동물은 연못의 기후 조건이 피부 습기를 유지할 정도로 충분히 습하고 그늘지면 도롱뇽(salamander)이 된다. 그렇지만 주변의 땅이 건조해지면 유형성숙 형태로 남아 일생을 올챙이로 보내며, 성체가 아닌 상태에서 번식을 한다.

그렇다면 인간 조상은 화석의 공백 기간 중 분명히 언제부터인가 유형성숙의 길을 따라 첫 발을 내딛게 되었을 텐데, 그럼 왜 그렇게 되었을까? 그로브스는 이 질문에 답을 내놓지 않는다. 그는 단지 이런 일이 있었다는 점만을 지적하고, 이 문제는 상당히 복잡할 것으로 예상한다.

그러나 그는 논의 과정에서 포유동물 중 유형성숙의 가장 진전된 사례로는 고래와 돌고래가 있다는 등 몇 가지 흥미로운 점을 언급했다. 그는 성체 고래나 돌고래의 일반적 체형과 사지가 막 형성 단계에 있는 소, 돼지, 사슴 등 육상 포유동물의 태아 체형 사이에 존재하는 많은 유사점의 목록을 제시한다. 돌고래는 털 없는 피부와 목이 없는 몸을 가지고 있고, 귀와 같은 외부 부속기관이 없으며, 가슴뼈가 없는 빈약한 늑골, 퇴화된 뒷다리 골격, 그리고 대부분 성체 육상 포유동물과 비교할 때 몸 크기에 비해 상당히 큰 두뇌를 가지고 있다. 이는 동시에 대부분 포유동물 태아의 특징이기도 하다.

그로브스는 돌고래의 큰 두뇌는 적응도 비적응도 아닌 태아 성장기간 연장에 따른 부수적 결과이며, 이 단계의 포유동물 태아에게 있어 가장 빨리 자라는 기관이 뇌였기 때문에 생긴 현상이라고 생각했다. 그는 다음과 같이 덧붙였다. '모든 해양 포유동물은 의심할 바 없이 어느 정도 유형성숙에 해당한다.'

포유동물의 경우 수생환경으로 이동한 것이 왜 유형성숙을 일으키는 방아쇠 역할을 했는지에 대해서는 알려진 바가 없다. 이것은 이보전진을 위한 일보후퇴의 예라고 할 수도 있다. 생각하건대 어떤 종이 물과 같은 새로운 환경에 갑자기 맞닥뜨리게 되면, 이전에 살던 환경에 적합했던 특성을 버리고 새 서식지에 적응하기 전에 일단 덜 분화된 태아 형태로 돌아갈 것이다. 그렇다면 우리 조상은 육상에서 바다로 또다시 바다에서 육상으로 이동하면서 두 번의 연속된 상황 변화를 통해 유형성숙의 추진력을 얻었을지 모른다. 이것이 인간에게 유형성숙 경향이 왜 유달리 강한지에 대한 설명이 될 수 있을 것이다.

이 분야의 모든 이론은 매우 추상적이며, 문제는 상당히 복잡하고 미해결인 채 남아 있다. 수생유인원이론과 두뇌 성장 사이의 연관성은 이미 언급한 바와 같이 다음 두 가지로 요약된다. (1) 해안 환경은 사바나와 달리 두뇌 성장에 없어서는 안 될 식량자원을 공급했을 것이다. (2) 두뇌 성장은 유형성숙과 관련된 것으로 보이며, 그 경향은 사바나에 사는 종이 아닌 수생 포유동물에게 더 일반적이다.

캐나다 빅토리아대학교의 데렉 엘리스(Derek Ellis)는 수생유인원이론을 평가할 목적으로 열대지방의 모든 해양생태계와 현존하는 유인원을 관찰한 행동을 연관시켜 분석해 보았다. 그는 홍수림, 염습지 석호, 군도, 하구, 산호초, 바위해안과 같은 환경에서 얻을 수 있는 자원을 검토하고, 26종의 영장류들의 수영과 기타 물과 관련된 행동 자료를 수집하였다.

그의 시작점은 수생유인원이론에 필요한 최소한의 전제를 간결하게 압축하는 것이었다. '우리는 유인원과 인류가 분화된 전이지대로써 숲-사바나 경계와는 다른 서식지를 찾을 필요가 있다.' 이에 대한 그의 결론은 다음과 같다. '열대 해안 환경은 현존하는 다양한 유인원이 이용할 수 있는 생산적인 생태계를 제공한다. 유인원이 이런 환경에 성공적으로 적응할 수 없다고 믿을 만한 명백한 증거는 없다.'

그러나 이는 다른 많은 사람들이 받아들이기에 어려운 결론임이 분명하다. 수생유인원이론을 반박하는 대부분 주장은 수생유인원이 결코 생존할 수 없었을 것이라는 여러 가지 이유를 대고 있다. 이들은 수생유인원은 죽을 수밖에 없는 운명이라고 한다. 수생유인원은 몸이 유선형이 아니어서 물에서 수영하기에 아주 불리한 체형을 갖고 있다. 또 온혈동물로 털이 젖으면 물이 체온을 빼앗아 갈 것이라고 한다. 수생유인원은 움직임이 느리고 비효율적이어서 물속에서 물고기를 잡을 수 있을 만큼 빠르지 않아 굶게 될 것이다. 그동안 대책 없는 새끼들은 탐욕스러운 악어나 상어에게 잡아먹히므로 후손이 남지 않을 것이라고 한다.

이와 같은 사실들이 어떤 육상 포유동물도 물에서는 생존할 수 없다고 주장하는 이유이다. 그러나 이런 상황에서 개와 같은 동물이 물에 들어가 수백만 년이 흐른 후 물개가 되었다. 이 원시 개는 살아남았다. 아마도 어떤 제약이 이들이 물로 가지 않을 수밖에 없는 절망적 상황을 만들었으며, 의심할 바 없이 많은 초기 개척자는 죽었을 것이다. 그러나 많은 수가 역시 살아남았고, 오늘날 그들의 후손이 전 세계에 걸쳐 살고 있다. 이런 일이 반복해서 발생했다. 곰과 같은 동물은 바다코끼리, 두더지 같은 동물은 오리너구리, 코끼리의 사촌은 매너티, 바닷새는 펭귄 그리고 고대의 알려지지 않은 네발짐승은 고래나 돌고래가 되었던 것이다.

아파르(Afar)해가 인도양에서 차단되지 않았다면, 영장류를 앞에서 언급한 목록에 덧붙일 수 있었을지 모른다. 다시 말해 일부 수생유인원은 먼 바다로 나가 거기 머물면서 따로 진화했을 것이다. 나머지 인류 조상은 아프리카 대륙으로 돌아가서 현재의 우리가 되었을 것이다.

숲에 사는 인간의 사촌들처럼 유전적으로 우리와 가까운 바다에 사는 사촌들을 만나게 된다면 멋진 일일지 모른다. 그러나 말라버린 내해는 살수 없을 만큼 염분이 높았으며, 모든 수생유인원은 염분이 낮은 내륙 호수로 가지 않을 수 없었다. 그래서 남쪽 수로를 따라 이동했으며, 먹이를 물에서 찾는 경향이 점점 없어지고, 마침내 수중 먹이를 더 이상 구하지 않는 상황이 되고 말았다.

알리스터 하디는 이 문제를 해결할 어떤 증거가 화석 연구자들에 의해 발견되기를 희망하며 살다 세상을 떠났다. 그러나 어떻든 결정적인 증거가 될 화석을 찾기는 어렵다. 비슷한 상황으로 만약 5백만 년 후 화석 연구자가 수달과 담비의 골격화석을 발견했다면, 그들은 두 밀접한 족제비과 동물이 20세기 스코틀랜드에서 함께 살았을 것으로 결론지을 수밖에 없을 것이다. 이 중 하나가 수생인지 아닌지를 알아내기란 아마 어려울 것이다.

오랜 기간 사바나이론이나 수생유인원이론을 증명하거나 부인하는 일이 불가능해 보였다. 이 중 어느 하나를 믿는다는 것은 어떤 분명한 사실에 근거하기보다 확률에 달려 있는 것 같았다. 그러나 새롭고 아주 뚜렷한 증거의 단편이 나타나면, 이 또한 결국 아주 무시되고 말았다.

분자생물학자들이 진화 연구 분야로 진출해서, 처음으로 한 종이 다른 종과 분화되는 시점 즉 어떤 진화적 사건의 발생 시기에 대한 증거를 제공할 수 있게 되었다. 1970년대 분자생물학 기술은 더욱 발전했으며, 시기뿐만 아니라 장소도 추정할 수 있게 되었다. 토다로(G. J. Todaro)는 '사실 인간 역사의 모든 기록은 아무리 미세한 것이라도 우리 유전자 안에 기록되며, 이제 우리는 이 역사를 읽을 수 있게 되었다.'고 선언했다.

인류의 지리적 기원에 대한 증거가 될 수 있는 가장 잘 알려진 유전자 표식자에는 헤모글로빈 S 유전자가 있다. 이 유전자는 낫형 적혈구 빈혈을 때때로 일으키기 때문에 의학적으로 중요하다. 이 유전자의 빈혈 증세는 확실히 비적응적이므로 보통 자연선택에 의해 제거되었으리라 생각되었다. 그러나 아프리카 일부 지역에서는 말라리아 전염에 일정한 저항력을 동시에 제공하므로 생존의 기회를 늘려주는 특성도 함께 지녔다는 것을 알게 되었다. 이 유전자가 모든 사람에게서 발견되는 것은 아니므로,

이는 분명히 인류가 분산되고 분화된 이후 획득되었을 것이다. 낫형 적혈구 유전자의 존재는 보유자가 아무리 아프리카 밖에서 몇 백 년을 살았어도, 최소한 한 명의 아프리카 조상을 가졌다는 좋은 증거가 된다.

훨씬 덜 알려진 표식자로 주목할 만한 것이 있다. 이는 '개코원숭이 표식자'로 알려져 있다. 이것은 1976년 메릴랜드 베데스다에 있는 국립암연구소 연구팀이 처음 발견하였다. 논문 제목은 '개코원숭이와 그 가까운 친척들은 무결점 내생적 C형 바이러스를 전파하는 능력이 모든 영장류 중 가장 탁월하다.'이며 저자는 토다로(G. J. Todaro), 쉐어(C. J. Sherr), 벤베니스트(R. E. Benveniste)였다. 벤베니스트와 토다로가 네이처 (Nature)에 발표한 후속 논문의 제목은 보다 흥미로운 'C형 바이러스 유전자의 진화; 인류의 아시아 기원에 대한 증거'였다.

첫 논문에서 명명된 전염성 C형 바이러스는 에이즈 바이러스처럼 레트로바이러스(retrovirus, 일반 바이러스와 달리 DNA대신 RNA 형태로 유전정보를 전달하는 바이러스 - 역자주)에 속한다. 이 바이러스가 동물에 전염될 때 바이러스의 RNA가 세포내의 DNA로 전환된다. 이는 전염된 동물의 유전자 구성요소 중 일부가 됨으로써 부모에게서 자녀로 유전될 수 있다. 레트로바이러스는 에이즈(AIDS) 바이러스처럼 같은 종의 다른 동물 DNA와 보통 재결합하여 유전되지만, 드물게는 연관이 먼 종의 유전 정보로도 전달될 수 있다.

C형 바이러스는 개코원숭이에게만 있으며, 유전자 구성에 있어 정상적이므로 개코원숭이에게 아무런 해도 끼치지 않는다. 그러나 종의 장벽을 넘어서면 다른 영장류에게 병을 일으킬 수 있는 잠재성을 지니고 있다. 베데스다 연구팀은 개코원숭이 바이러스가 한때 개코원숭이 자신을 제외한 모든 아프리카 영장류를 위협했음이 틀림없다는 결론을 내렸다. 왜냐하면 그들이 검사한 모든 아프리카 원숭이와 유인원 염색체 안에 개

코원숭이 바이러스의 RNA 게놈과 밀접하게 연관된 바이러스 유전자 서열을 가지고 있었으며, 이것은 개코원숭이 바이러스로부터 보호할 수 있는 항체로 작용하도록 진화했기 때문이다.

우리가 결론내릴 수 있는 한 가지 사실은 개코원숭이 바이러스가 처음으로 나타났을 때, 자신을 제외한 다른 모든 영장류에게 치명적인 병을 일으켰다는 사실이다. 현존하는 모든 아프리카 원숭이나 유인원은 염색체 안에 이 항체를 보유하고 있다. 만약 어떤 종이라도 이러한 항체를 가지고 있지 않다면, 살아남기 힘들었을 것이다.

두 번째로 우리는 이 바이러스가 대단히 전염성이 강하다는 것에 주목하지 않을 수 없다. 에이즈 바이러스와 달리 이 바이러스는 성적 접촉에 의한 전염이 아니라 공기로 전염되었을 것이 분명하다. 왜냐하면 개코원숭이는 땅에 살지만, 바이러스에 감염된 종에는 침팬지나 고릴라처럼 땅에 사는 유인원뿐만 아니라 갈라고원숭이처럼 숲의 나무꼭대기에 사는 콜로부스원숭이와 작은 여우원숭이도 포함되어 있기 때문이다.

개코원숭이는 아직도 바이러스를 옮기지만, 시간이 지나면서 독성이 없어져 버렸다. 이제는 이 바이러스가 다른 영장류와 심지어 항체가 없는 종에게도 위협이 되지 않는다. 물론 전염병이 최고조였을 때 그들의 조상이 개코원숭이와 전혀 접촉이 없었던 남미와 아시아계 영장류들도 포함된다.

그렇다면 영장류 중 항체 즉 개코원숭이 표식자의 보유 여부가 인간의 낫형 적혈구 유전자와 같이 아프리카 기원 여부를 나타내는 믿을 만한 기준이 될 수 있다. 검증 대상이었던 유인원과 원숭이 종류 중 총 23개 종이 개코원숭이 표식자를 보유하고 있었으며, 이들은 모두 아프리카 출신이었다. 여기에는 고릴라와 침팬지도 포함된다. 긴팔원숭이와 오랑우탄을 포함한 17개 종이 개코원숭이 표식자가 없었으며, 이들은 모두 아프리카 출신이 아니었다.

토다로 발견의 가장 놀라운 점은 인간의 개코원숭이 표식자 여부를 검사했을 때 드러났다. 인간에게는 이 표식자가 발견되지 않았다. 아프리카 인종을 포함하여 인류의 모든 인종에게서 개코원숭이 표식자는 검출되지 않았다.

토다로는 확실한 결론 하나를 이끌어낼 수 있었다. '인류의 조상은 개코원숭이와 접촉이 없었던 지역에서 출현했다. 우리가 제시하는 자료는 수백만 년 전 인류가 아프리카 이외 지역에서 기원했음을 암시한다.'

그가 아프리카 이외 지역으로 선택한 곳은 아시아였다. 그는 논문에서 다음과 같이 추정했다. 인류가 유인원으로부터 분화된 이후 일부가 아시아로 퍼져나갔다. 개코원숭이 전염병이 발생했을 때, 그들은 아프리카에 있지 않았다. 아프리카에 남아 있던 인류의 조상은 그 당시 모두 절멸했다. 현존 인류는 아시아 이주자들의 후손이며, 그중 일부가 서쪽으로 수에즈 지협을 건너 아프리카로 다시 건너간 것이다.

그의 아시아 기원 이론을 배제할 만한 증거는 없다. (아프리카 이브로부터 인류가 기원했다는 이론은 이런 측면에서 부적절해 보인다. 이는 그후 수백만 년 후인 지금으로부터 약 20만 년 전 아프리카 대륙에서의 인구 병목현상을 말해줄 뿐이다.) 초기 인류가 동쪽으로 분산하였고, 이후 서쪽으로 다시 이동했다는 토다로의 이론은 있을 수 없는 일로 간주되었다. 그러나 아무도 개코원숭이 표식자가 인간에게 없는 원인에 대해서는 설명하지 못했다.

아프리카 이외 지역이 반드시 자바나 북경을 의미한다고 볼 수는 없을 것이다. 만약 개코원숭이 전염병이 아파르가 범람한 화석 공백 기간에 발생했다면, 그때 인류의 조상은 해안에서 수 km 떨어진 섬 지역이었던 다나킬 아니면 원시 홍해의 반대편 해안 어딘가에 살았을 수 있다. 어느 경우든 바이러스의 공기 전염이 그들에게는 미칠 수 없었을 것이다. 그들의 후손이 대륙에 발을 들여놓게 되었을 때는, 이미 개코원숭이 전염병이 독성을 잃었을 것이고 따라서 그들은 더 이상 항체를 가질 필요가 없었을 것이다.

베데스다 팀의 발견은 한 가지 사실을 명백히 보여 주고 있다. 인류의 조상이 숲을 떠나 개코원숭이가 출몰하는 아프리카 사바나에서 모든 시간을 보냈다는 이론은 이제 폐기되어야 한다는 것이다. 사리크(Sarich)가 분자생물학적 시간 측정을 통해 말한 바와 같이, 이제 사바나 이론에 집착해야 할 아무런 이유가 없어진 것이다. 토다로는 그의 발견이 환영받지 못할 것이라는 사실을 알았지만 다음과 같이 지적했다. '내가 아는 한 우리 연구의 주요 기능은 역사가로서 행동하는 것이다. 우리는 인류가 일어났기를 바라는 사건이 아니라 실제로 일어났던 사건을 보고해야 한다.'

그는 사바나 이론가들이 일어났기를 바라는 것을 보고하지 않았다. 개코원숭이 표식자 발견에 대한 이들의 반응은 알리스터 하디에 대한 반응과 유사하였다. 무반응이었다. 인간 진화에 대한 토론은 아무 일도 없었던 것처럼 이전의 전통 이론을 가지고 계속되었다.

그러나 새로운 가설을 무시하는 것과 새로운 자료에 마음의 문을 아예 닫아버리는 것에는 차이가 있다. '나는 그걸 알고 싶지도 않아.'라고 하는 것은 토크 코미디 중 가장 빈번하게 나오는 수다이지만, 어떤 과학자도 이런 식으로는 신뢰를 유지하기 어려울 것이다.

최근에 여론의 방향이 조금씩 바뀌기 시작했다. 1987년 국제회의가 네덜란드 발켄부르그(Valkenburg)에서 열려 수생유인원이론에 대한 찬반을 공식적으로 논의하기 시작했다. 이는 일종의 분수령이 되었다. 지금은 많은 과학자들이 수생유인원이론을 지지할 준비가 되어 있는 것처럼 보인다. 중립적으로 남아 있던 사람들도 기꺼이 건설적인 비판을 제기하면서, 어떤 대안이나 추가 의문점을 제시하고 있다. 이 모든 진전에 대해

저자는 진심으로 감사하고 있다.

마이클 루스(Michael Ruse)가 다른 사람에게 말한 것처럼 '당신은 언제든지 무너지는 이론을 지지하는 방법을 찾을 수 있겠지만, 만약 과학적으로 설명할 준비가 되었다면 진실이 밝혀질 때는 반드시 올 것이다.'

무너지는 사바나 이론에 대해서도 마침내 그때가 온 것이다.

⊙ ⊙ 역자 후기

의문과 직관

   예전부터 나에게는 한 가지 의문이 있었다. 명나라 정화의 원정(1405
년), 포르투갈의 마젤란 세계일주(1505년) 등 인류가 항해기술을 발전시
켜 신대륙과 외딴 섬들을 탐험하기 훨씬 전부터 이미 그곳에는 인류가 살
고 있었다. 그들은 어떻게 그곳에 먼저 도착해서 뿌리를 내리게 되었을
까? 물론 지금보다 해수면이 더 낮았던 빙하시대에는 모든 육괴가 하나로
연결되어 있었다고 한다. 즉 동남아에서 호주까지 걸어갈 수 있었고 베링
해협도 육지로 연결되어 있었다는 얘기다. 아마 그랬을지도 모른다. 빙하
시대에 인도네시아의 섬들과 호주 등은 그렇게 인류가 건너갈 수 있었을
것이다. 그러나 호주에서 1,600km나 떨어져 있는 뉴질랜드는 어떻게 갔
다는 말인가? 그밖의 다른 폴리네시아 섬들은? 태평양 한가운데 하와이
에는 어떻게 사람이 그렇게 일찍 들어가 살게 되었을까? 아무리 해수면이
낮았다 해도 그 당시의 항해기술로는 어림없었을 텐데. 그렇다면 우연히
표류해서 갔을까? 정말 수수께끼가 아닐 수 없다.

   인류의 이동설을 보면 인류가 처음 아프리카에서 탄생해 중동지역으
로 간 다음 유럽과 아시아로 갔다고 한다. 그리고 빙하시대인 약 2만 년
전에 육지로 이어진 베링해협을 지나 아메리카 대륙으로 들어갔다고 한
다. 그러나 나는 그 추운 시베리아와 알래스카를 거쳐 미지의 대륙을 향
해 인류가 이동했으리라고는 상상이 가지 않았다. 혹독한 추위를 이겨가
며 그 뒤에 있을 따뜻한 신대륙 아메리카를 꿈꾸며 인류의 조상들이 인고
의 여정을 감내하였을까? 그들이 과연 그러한 지리적 지식이 있었을까 하
는 의문이 든다.

만약 육지를 통해 미지의 대륙이나 섬으로 간 것이 아니라면 혹시 바다를 통해 간 것은 아닐까? 그렇다면 우리 인류가 그 옛날에는 물과 훨씬 더 친하지 않았을까? 그래서 가벼운 마음으로 바다를 건너 그 모든 섬과 신대륙으로 이동하지 않았을까? 그것이 과거 우리의 본 모습이 아니었을까? 그러다가 우리는 점차 본 모습을 잃고 보다 안락한 육상생활에 젖어든 것은 아닐까? 육상생활이 바다보다 더 편하고 좋은 환경으로 점차 개선되었던 것은 아닐까? 예를 들어 대기의 산소 수준이나 육상 생태계가 우리가 살기에 좋은 환경으로 바뀌어 우리를 유혹한 것은 아니었을까? 이러한 의혹과 추측이 꼬리를 물고 나에게 일어났다.

그러던 중 나는 인류의 수생기원설(Aquatic Ape Theory 또는 Hypothesis)을 처음 접하게 되었다. 진화론에 관한 여러 책을 섭렵하던 중 레너드 쉴레인(Leonard Shlain)의 『지나 사피엔스(Sex, Time and Power)』라는 책을 우연히 보게 되었는데, 이 책 중간 정도에 인간의 두 발 보행 기원 이론을 소개하고 있었고 바로 여기에 수생기원설이 포함되어 있었다. 수생기원설은 나에게 무척 매력적으로 다가왔다. 단순함이 아름답다고 하지 않았던가? 물속에서 얼굴을 밖으로 내밀기 위해 두 발로 서게 되었다는 가설은 여러 다른 생경한 이론과 달리 참신하게 나의 마음을 두드렸다.

나는 이때부터 인류의 수생기원설에 대해 관심을 갖고 여러 자료를 찾아보기 시작했다. 그러던 중 인터넷을 통해 다음과 같은 재미있는 이야기도 접하게 되었다.

- 유인원의 털은 길지 않은데 왜 우리의 머리털은 이렇게 길게 자랄까?

사람의 질기고 긴 머리카락은 아이들이 물속에서 어른들에게 매달리기 위한 도구가 아니었을까? 정말 우리 아기들은 태어나자마자 주먹을 꼭 쥐는 버릇이 있지 않은가?

– 남자의 수염은 물에서 얼굴만 나온 상태에서 남녀를 구분하기 위해 발달한 진화적 결과가 아닐까? 여자의 성 선택이 얼굴이 확실히 구별되는 남성을 선호하면서 남자의 수염이 점차 일반화된 것은 아닐까? 또한 우리의 얼굴 표정이 다른 동물에 비해 훨씬 다양하게 발전한 것도 그런 영향이 있지 않을까?

이런 생각은 어찌 보면 과도한 추측에 불과할 뿐이다. 그러나 어차피 수백만 년 전의 일을 이제 와서 알아낸다는 것은 무척 어려운 일이 아닐 수 없다. 물론 화석과 같은 물적 증거가 있다면 더 할 나위 없이 좋겠지만 그 옛날의 해안선이 지금은 모두 수몰되어 우리가 접근할 수 없게 된 상황에서 수생기원설을 증명하는 화석을 발견하기는 참으로 힘들 것이다. 그렇다면 인류 기원에 대해 현재의 해부학적 또는 상황적 증거와 직관을 통해 추정하는 것이 어느 정도 용납될 수 있지 않을까? 고고인류학의 화석 증거라는 것도 사실 완전하지 못해 과학자의 추정이 일부 개입되는 경우도 많지 않은가? 그래서 화석 증거조차 거의 언제나 논란을 불러일으키고 있는 실정이다.

*　*　*

원저자 일레인 모간은 1920년에 태어난 영국의 문필가로 인류의 수생기원설을 적극적으로 알리고 보급하는데 앞장섰던 여성이다. 그녀의 책『호모 아쿠아티쿠스(원제: 진화의 상흔)』는 수생기원설을 누구나 이해하기 쉽고 재미있게 쓴 역작으로 이를 다룬 그녀의 세 번째 저서이다. 다만 1990년 출판되어 이미 많은 시간이 지나 일부 내용의 수정이 필요할 수 있다. 그러나 인류가 과거 수생인간(*Homo aquaticus*)으로 살면서 지금의 우리로 진화했다는 큰 줄기는 지금도 굳건한 이론임에 틀림없다고 생각한다.

나는 이 책을 번역하면서 인체해부학과 동물분류학 등 관련 인터넷 자료와 『번역의 탄생』 등 번역 관련 서적을 참고하여 많은 도움을 받았다. 그러나 여전히 오역과 매끄럽지 못한 부분이 많이 있으리라 생각되며 이에 대해 독자 여러분의 너른 양해를 구한다.

논어에 지자요수(知者樂水) 인자요산(仁者樂山)이라 했다. 지혜로운 자는 물을 좋아하고 인자한 자는 산을 좋아한다는 말이다. 우리 인류가 역사상 저지른 그 모든 범죄와 잔악행위로 볼 때 우리가 인자하다고는 결코 말 할 수 없지만, 분명히 다른 동물에 비해 머리가 좋은 건 틀림없다. 이를 보면 그 옛날 공자님도 우리 인간과 물의 밀접한 관계를 어렴풋이나마 짐작하지 않으셨을까 하는 생각이 든다.

2013년 5월
정현

●● 참고문헌

1장

Elliot Smith, 1924. *Essays on the Evolution of Man.* OxfordUniversity Press, p. 78.
Robert Broom, 1953. *The Coming of Man: Was it Accident or Design?* H.F. & B. Witherby, p. 10.

2장

Roger Lewin, 1987. Bones of Contention. *Controversies in the Search for Human Origins.* NewYork: Simon & Schuster.
Richard E. Leakey, 1981. *The Making of Mankind.* Michael Joseph, pp. 11-18.
Don Johanson and Maitland Edey, 1981. *Lucy: The Beginnings of Mankind.* Granada, p. 243.
Victor Sarich and Allan Wilson, 1967. Immunological time scale for Hominid evolution, in *Science,* 158, 1200-1203.
Sherwood Washburn, 1984. Quoted in Roger Lewin, *Bones of Contention, op. cit.*
David Pilbeam, Feb. 1984. The descent of hominoids and hominids, in *Scientific American,* p. 87.

3장

Charles Darwin, 1871. *The Descent of Man,* chap. 2
G. Schmorl, 1981. Quoted in Peter Medawar, 1981. *The Uniqueness of the Individual.* New York: Dover Publications.
W. M. Krogman, 1951. The Scars of Human Evolution, in *Scientific American,* 185, (6) 54-57.
Roger Lewin, 1983. *Science,* 220, 700-702.

4장

David Attenborough, 1979. *Life on Earth. Collins,* p. 294.
Jack Prost, 1985. Chimpanzee Behaviour models of hominisation, in *Primate Morphophysiology, Locomotor Analysis and Human Bipedalism,* edited by Shiro Kondo, University of Tokyo Press, p. 299.

Michael H. Day, 1986. Origins and Modes, in Major Topics in Primate and Human Evolution, edited by Wood, Martin and Andrews, Cambridge University Press, chap. 9, p. 199.

C. Owen Lovejoy, 1981. The Origin of Man, in *Science*, 211, 341-350.

Graham Richards, 1986. Freed hands or enslaved feet? in *J. Hum. Evol.*, 15, 148.

Russell Tuttle and David Watts, 1985. The positional behaciour and adaptive complexes of Pan gorilla, in *Primate Morphophysiology, op. cit.*

R. W. Newman, 1970. Why man is such a thirsty and sweaty naked animal: a speculative review, in *Human Biology*, 42, 12-27.

Peter Wheeler, 1985. The lose of functional body hair in man: the influence of thermal environment, body form and bipedality, in *J. Hum. Evol*, 42, 12-27.

W. Lawrence Bragg on Wagener. Quoted in *The Listener*, 19 July, 1984.

Don Johanson, 1981, *op. cit.* Chapter 2.

Paul Mohr, 1978, Afar, in *Ann. Rev. Earth Planer Sci.*, 6 145-172.

Leon P. LaLumiere, 1981. The evolution of human bipedalism: Where it happened — a new hypothesis, in *Phil. Trans. R. soc. London*, B292, 103-107.

Ernst Mayr, 1963. *Population, Species and Evolution*. Harvard University Press.

J. Hurzeler, 1960. The significance of *Oreopithecus* in the genealogy of man, in Triang, 4, 164-174.

Oreopithecus is further discussed in papers, 1986, by Eric Delson; A. Azzaroli, M. Caccaletti, E. Delson; A. Azzaroli, M. Baccaletti, E. Delson, G. Moratti and D. Torr; Terry Harrison; Frederick S. Szalay and John Langdon, *J. Hum. Evol.*, 15, 164-174

5장

Desmond Morris, 1967. *The Naked Ape*. Macdonald & Co.

William Montagna, 1982. The evolution of human skin, in *Advanced Views in Primate Biology*, Springer-Verlag, 35-42

Ronald Marks, 1988. *The Sun and your Skin*, Macdonald & Co.

6장

Harry Nelson and Robert Jurmain, 1988. Introduction to Physical Anthropology. West Publishing Co, 4th edition.

Clifford J. Jolly and Fred Plog, 1987. *Physical Anthropology and Archaeology*. Alfred A. Knop, 4th edition.

V. E. Sokolov, 1982. *Mammal Skin.* University of California Press.
Louis Bolk, 1926. On the Problem of anthropogenesis, in *Proc. Sevtion Science Kon, Akad,* Wetens Amsterdam, 27, 465-475.
Stephen Jay Could, 1977. *Ontogeny and Phylogeny.* Harvard University Press.
Gray G. Schwartz and Leonard A. Roseblum, 1981. Allometry of hair density and the evolution of human hairlessness, in *Am. J. Phys. Anthrop.,* 55. 9-12.
R. M. Martin, 1977. Mammals of the Seas. B. T. Batsford.
W. Sokolov, 1962. Adaptations of the mammalian skin to the aquatic modeof life, in *Nature,* 195, 464-466.

7장

J. S. Weiner and K. Hellmann, 1960. The glands, in *Biol. Rev.,* 35, 141-186
J. S. Strauss and F. J. Ebling, 1970. Control and function of skin glands in mammals, in *Memoirs of the Society for Endocrinology,* 18, 341-371.
Knut Schmidt-Nielsen et al., 1957. Body temperature of the camel and its relation to water economy, in *Am. J. Phys.,* 188, 188-189.
Derek Denton, 1982. The Hunger For Salt. *An Anthropolofical, Physiological and Medical Analysis.* Springer-Verlag.
W. Hancock and J. B. S. Haldane, 1939. The loss of water and salts through the skin and the corresponding physiologicl adjustments, in *Proc. Roy. Soc.,* B105, 43-60.
W. Montagna, 1972. The skin of non-human primates, in *Am Zool.,* 12, 109-124
W. Montagna, 1982. The evolution of human skin, *op. cit.* Chapter 5.
William R. Keating et al., 1986. Increased platelet and red cell counts, blood viscosity and plasma cholesterol levels during heat stress and cereral thrombosis, in *Am. J. Med.,* 81, 795-800.

8장

D. B. Dill et al., 1933. Salt economy in estreme dry heat, in *Journal of Biological Chemistry,* 100. 755-768.
C. L. Evans and D. F. G. Smith, 1956. Sweating responses in the hores, in *Proc. Roy. Soc.,* B145, 61-81.
Sheila A. Mahoney, 1980. Cost of locomotion and heat balance during rest and running 0 to 55℃ in patas monkey, in *Journal of Applied Physiology,* 49, 61-81.
John, K. Ling 1965. Eunctional significance of sweat glands and sebaceous

blands in seals, in *Nature*, 208, 560-562.
R. Fange, K. Schmidt-Nielsen and H. Osaki, 1958. The salt gland of a herring gull, in *Biological Bulletin*, 115, 162.
P. Shiefferdecker, 1917. Die Hautdrusen des Menschen, in Biol. *Zbl.*, 37, 536-563.
William H. Frey, 1985. *The Mystery of Tears.* Harper & Row.

9장

Frederick Wood Jones, 1929. *Man's Place among the Mammals.* Edward Arnold.
Alister Hardy, 1960. Was Man more aquatic in the past? in *New Scientist*, 642-645.
Caroline Pond, 1978. Morphological aspects and the ecological and mechanical consequences of fat depositions in wild vertebrates, in *Ann. Rec. Ecol. Syst.*, 9, 519-70.
P. B. Medawar, 1955. The imperfections of man. Reprinted in *The Uniaueness of the Individual*, 1981, Dover Publication.
Caroline Pond, 1987. Fat and figures, in *New Scientist*, 4 June, 62-66.
P. F. Scholander et al., 1950. Body insulation of some Arctic and tropical mammals and birds, in Biol. Bull., 99, 225-236.

10장

A Cryer and R. L. R. Van, 1985. *New Perspectives in Adipose Tissue: Structure, Function and Development.* Butterworth.
A. H ger, 1981. Adipose tissue cellularity in childhood in relation to the development of obesity, in *Brit. Med. Bull.*, 37, (3), 287-290.
B. Larsson et. al., May 1984. Abdominal adipose tissue distribution, obesity, and risk of cardiovascular disease and death: 13 year follow up of participants in the study of men born in 1913, in *BMJ*, 1401-1404
John Studd et al., March 1985. *Brit. J. of Obsterics and Gynaecology.*
M. R. Mukhtar and J. M. Patrick, 1984. Bronchoconstriction: a component of the 'driving response' in man, in *Eur. J. Applied Physiology*, 53, 155-158.
M. R. Mukhtar and J. M. Patrick, 1986. Ventilatory drive during face immersion in man, in J. Physiol., 370, 13-24.
R. van den Berg and J. Wind, 1987. Has man's upright posture contributed to speech origin by lowering the larnyx? in *Clin. Otolaryngol.*, 12.
Robert Elsner and Brett Gooden, 1983. *Diving and Asphyxia.* Cambridge University Press.

M. J. H. van Bon *et al.*, 1989. Otitis media with effusion and habitual mouth breathing in Dutch pre-school-children, in Int. J. Pediatri. Otorhinolaryngol., 17, 119-125.

11장

Victor E. Negus, 1929. *The Mechanism of the Larynx.* Heinemann.

Victor E. Negus, 1965. *The Biligy of Respiration.* E. & S. Livingstone.

Christian Guilleminault et al., 1980. Sleep apnea syndrome: recent advandes, in *Internal Medicine*, 26, 347-372.

Edmund Crelin, Can the cause of SIDs be this simple? in *Patient Care*, 12, 5.

G. A. de Jonge and A. C. Engelberts, 1989. Cot Deaths and Sleeping Position, in *The Lancet*, 11 Nov., 8672, 1149-1150.

G. A. de Jonge and A. C. Engelberts, 1989. Cot Deaths and Sleeping Position, in *The Lancet*, 11 Nov., 8672, 1149-1160.

Michael Campbell and Mike Murphy, March 1987. Cot deaths following thaw, in *Journal of Epidemiology*.

F. Wood Jones, 1940. The nature of the soft palate, in J. *Anat.*, 74, 147-70.

Jan Wind, 1976. Phylogeny of the Human Vocal Tract. New York Academy of Sciences.

12장

R. D. Martin and R. May 1981. Outward Signs of breeding, in *Nature*, 293, 7-9.

A. Harcourt et al., 1981. Testis weight, body weight, and breeding systems in primates, in *Nature*, 293, 55-57.

C. S. Ford and F. A. Beach, 1952. *Patterns of Sexual Behaviour.* Eyre & Spottiswoode.

K. E. Fichtelius, 1988. Contribution to the discussion on bipedalism, in *OSSA*, 14, 45-49.

Ronald D. Nadler, 1981. Laboratory research on sexual behaviour of the great apes, in *Reproductive Biology of the Great Apes: Comparative and Biomedical Perspectives*, edited by Charles E. Graham. Avademic Press.

B. M. F. Galdikas, 1981. Orang-utan reproduction in the wild, in *Reproductive Biology of the Great Apes, op. cit.*

13장

Stephen Jay Gould, 1977. *Ever Since Darwin*. Penguin Books, 160-167.
Max Westenhofer, 1942. *Der Eigenweg des Menschen*. Mannstaedt & Co.
Michael Ruse, 1989. *The Darwinian Paradigm*. Routlege.
Kerstin Schuitema, 1990. The significance of the human diving refkex.
Paper presented at a symposium on Human Evolution — *The Aquatic Ape: Fact or Fiction* — Valkenburg, Netherlands, 28-30 August, 1987.
Donald W. Rennie, quoted in The Diving Women of Korea and Japan, by S. K. Hong and Hermann Rahn, 1967, *Scientific American*, 216, (5).

14장

R. D. Martin, 1983. Human brain evolution in an ecological context, in *Am. Mus. Nat. Hist.*
Michael Crawford and David Marsh, 1989. *The Driving Force*. Heinemann.
C. P. Groves, 1989. *A Theory of Human and Primate Evolution*. Oxford University Press.
Derek Ellis, 1990. Is an aquatic ape viable in terms of marine ecolory and primate behaviour? Paper presenter at a Symposium on Human Evolution, *op. cit*, Chapter 13.
G. J. Todaro, 1980. Evidence using viral gene sequences suggesting an Asian origin of man, in *Current Arguments on Early Man*, Pergamon Press.

찾아보기

(ㄱ)

갈디카스(B. M. F. Galdikas)   165
갈라고원숭이   192
갈색지방   124, 125
개코원숭이   9, 19, 37, 40
개코원숭이 바이러스   191, 192
개코원숭이 표식자   191, 192, 193
겔라다개코원숭이   42, 49, 161
겨드랑이선   90
경구개   136
고릴라   1, 7, 11, 50
구강   136, 143
구든(B. Gooden)   150
구루병   69
그래함 리차드(Graham Richards)   46
그로브스(C. P. Groves)   186
급속안구운동(REM)   140
긴꼬리원숭이   9, 49, 161
긴팔원숭이   42, 165, 192

(ㄴ)

낫형 적혈구 유전자   192
내들러(R. D. Nadler)   165
네안데르탈인   15, 185
눈물샘   106, 107
뉴만(R. W. Newman)   97

(ㄷ)

다나킬 알프스(Danakil Alps)   56
데렉 덴튼(Derek Denton)   108
데렉 엘리스(Derek Ellis)   188
데스몬드 모리스(Desmond Morris)   63
데이비드 왓츠(David Watts)   46
데이비드 필빔(David Pilbeam)   25
도날드 레니(Donald W. Rennie)   180
돈 요한슨(Don Johanson)   19
동지역 종분화(sympatric speciation)   60
디스크   31, 32
땀샘   88, 89, 99, 111

(ㄹ)

러셀 터틀(Russell Tuttle)   46
레온 라루미에(Leon P. LaLumiere)   56
레이몬드 다트(Raymond Dart)   16
레톨리(Laetoli)   20
레트로바이러스(retrovirus)   191
로버트 마틴(Robert Martin)   183
로버트 브룸(Robert Broom)   3
로저 루윈(Roger Lewin)   14, 39
루시(Lucy)   20
루이스 볼크(Louis Bolk)   80
루이스와 메리 리키   19
(Louis & Mary Leakey)
링(J. K. Ling)   101

(ㅁ)

마운틴고릴라	46
마이클 루스(Michael Ruse)	177
마이클 크로포드(Michael Crawford)	184
마카판스카트(Makapansgat) 동굴	40
막스 베스텐훼퍼(Max Westenhöfer)	176
맨드릴개코원숭이	161
멜라닌	67, 69
명주원숭이	46, 82
모공	88
모유수유	127

(ㅂ)

바울즈(R. L. Bowles)	144
반 본(Van Bon)	143
발정기	36, 90
발켄부르그(Valkenburg)	194
배란기	153
백색지방	124
버지스 쉐일(Burgess Shale)	10
보온	75, 180
부력	120, 121
분자생물학	190
불포화 지방산	184
붉은원숭이	101, 184
붉은털원숭이	67
비강	136
비비원숭이	101
비타민 D	69
빅터 네거스(Victor Negus)	144
빈센트 사리크(Vincent Sarich)	23

(ㅅ)

사바나 이론	160
상대성장	82
성 선택	198
셀레베스원숭이	67
셔우드 워시번(Sherwood Washburn)	24
소름	66
소콜로프(V. E. Sokolov)	75
숄란더(P. F. Scholander)	120
수렴진화(convergent evolution)	62
수면무호흡증	139
수생유인원이론 (Aquatic Ape Theory)	174
수유기	115
쉬퍼데커(P. Schiefferdecker)	94
스티븐 제이 굴드 (Stephen Jay Gould)	173
시아로(Siarau)	49
신체질량지수	131

(ㅇ)

아기 돌연사증후군 (SIDS, Sudden Infant Death Syndrome)	141
아드레날린	149
아서 키스(Arthur Keith)	145
아파르(Afar)	189
아포크린선	88
아프리카 지구대	19
안드로겐	129
알도스테론	34

알렌과 베아트리체 가너　148
(Allen & Beatrice Garner)
알리스터 하디(Alister Hardy)　113, 174
알프레드 러셀 월리스　175
(Alfred Russel Wallace)
알프레드 베게너(Alfred Wegener)　54
앨런 윌슨(Allan Wilson)　23
얀 윈드(Jan Wind)　145
양털원숭이　90, 91
에드워드 크렐린(Edward Crelin)　141
에른스트 마이어(Ernst Mayr)　14, 60
에스트로겐　128, 129
에크린선　92, 93, 99
엘곤(Elgon)산　109
엘리엇 스미스(Elliot Smith)　3
엘스너(R. Elsner)　150
여드름　71
여우원숭이　90, 163
연구개　136, 140
염류선　102
오랑우탄　15, 164
오레오피테쿠스(Oreopithecus)　61
오메가-3　184
오스트랄로피테쿠스 아파렌시스　55
(Australopithecus afarensis)
오웬 러브조이(C. Owen Lovejoy)　44
온혈동물　65
올두바이(Olduvai) 계곡　20
와디 아카바(Wadi Aqaba)　55
윌리엄 몬태냐(William Montagna)　72
윌리엄 프레이(William Frey)　107

유이치 나카(Yuiche Naka)　50
유진 뒤브와(Eugene Dubois)　15
유형성숙(neoteny)　77
이브 코펭(Yves Coppens)　36
인두종괴감(globus hystericus)　108
일부일처제　156
일사병　95, 98
임신　115, 128, 184

(ㅈ)

자연선택　153, 168
잭 프로스트(Jack Prost)　43
적자생존　63
존 스터드(John Studd)　133
존 알퀴스트(Jon Ahlquist)　24
지방세포　116
직립보행　145, 162
진화론　1, 63
짧은꼬리원숭이　161

(ㅊ)

찰스 라이엘(Charles Lyell)　52
찰스 시블리(Charles Sibley)　24
처녀막　162, 163
척추　133, 137
침팬지　1, 3, 23

(ㅋ)

캐롤라인 폰드(Caroline Pond)　113, 117
캐롤라인 헤이즈(Caroline Hayes)　148

커스텐 슈트마(Kirsten Schuitema) 179
코주부원숭이 49, 50
콜라겐 133
콜로부스원숭이 192
콧망울 148
크리스천 길레미놀트 140
(Christian Guilleminault)
크리스틴 타르디외 36
(Christine Tardieu)
클리그만(A. M. Kligman) 71
클리포드 졸리(Clifford Jolly) 41

(ㅌ)

타냐 애트워터(Tanya Atwater) 178
타웅 어린이(Taung Baby) 16
탈수 96, 97
탈장 29, 33
토다로(G. J. Todaro) 190, 191
팀 화이트(Tim White) 19, 153

(ㅍ)

파타스원숭이 184
페로몬 92, 137
폐경 128
포낭섬유증(cystic fibrosis) 106
폴 모어(Paul Mohr) 55
프레더릭 우드 존스 177
(Frederick Wood Jones)
프로락틴 105
플랑크의 법칙(Plank's Principle) 174
피부암 68, 70
피지선 71, 72
피치텔리어스(K. E. Fichtelius) 163
피터 메다와(Peter Medawar) 118
피터 휠러(Peter Wheeler) 48
피하지방 114

(ㅎ)

하다르(Hadar) 20
하렘 타입(harem-type) 157
하지정맥류 34
할데인(J. B. S. Haldane) 97
헤모글로빈 S 유전자 190
현기증 33, 36
혈전증 98
호모 사피엔스(*Homo sapiens*) 3
호모 하빌리스(*Homo habilis*) 184
호모 에렉투스(*Homo erectus*) iii
황제펭귄 156
획득형질 80
후각신호 160
후두 136, 137
휘즐러(J. H rzeler) 61

(기타)

C형 바이러스 유전자 191

◦ ◦ 저자 소개

일레인 모간(Elaine Morgan)

　　1920년 영국에서 출생했다. 옥스퍼드 대학에서 영문학을 전공했으며, 1945년에 결혼하여 세 아들을 두었다. TV 다큐멘터리 작가로 활동하며 두 번의 BAFTA 상과 올해의 작가상을 포함하여 여러 차례 수상하였다. 그녀의 첫 저서인 『여자의 후손(The Descent of Woman, Souvenir Press, 1972)』은 베스트셀러로 1972년 미국에서 '이달의 도서'로 선정되었다. 이후 그녀는 인류 기원에 관한 활발한 저술 활동을 통해 『수생유인원(The Aquatic Ape, Souvenir Press, 1982)』, 『진화의 상흔(The Scars of Evolution, Souvenir Press, 1990)』, 『아이의 후손(The Descent of the Child, Souvenir Press, 1994)』, 『수생유인원가설(The Aquatic Ape Hypothesis, Souvenir Press, 1997)』 등을 출간하였다.

∙∙ 역자 소개

김웅서

1958년 서울에서 출생했다. 서울대 생물교육과와 동 대학원 해양학과를 졸업하고, 미국 뉴욕주립대학교(스토니부룩)에서 이학박사 학위를 취득했다. 현재 한국해양과학기술원(KIOST)에서 해양생물을 연구하고 있으며, 바다와 해양생물에 관한 책을 수십 권 발간하였다.

wskim@kiost.ac.kr

정 현

1958년 대한민국에서 출생했다. 서울대 해양학과 졸업, 현대중공업, 현대엔지니어링, 포스코건설, 대우건설을 거쳐 현재 (주)오션스페이스 사장으로 있다.

hchung@oceanspace.com